山东省高等学校哲学社会科学研究项目“黄河流域水环境保护与经济高质量发展的协同路径研究”（编号：2024ZSMS388）
聊城大学东昌学院博士科研启动基金支持项目（编号：2024PHD001）
“羡林学者培育工程”支持项目

YELLOW
RIVER

RESEARCH ON WATER RESOURCES MANAGEMENT IN THE YELLOW RIVER BASIN

黄河流域
水资源管理研究

刘娜 著

经济管理出版社
ECONOMY & MANAGEMENT PUBLISHING HOUSE

图书在版编目（CIP）数据

黄河流域水资源管理研究 / 刘娜著. -- 北京 : 经济管理出版社, 2025. 7. -- ISBN 978-7-5243-0438-8

Ⅰ. TV213.4

中国国家版本馆 CIP 数据核字第 2025R09W19 号

组稿编辑：张馨予
责任编辑：张馨予
责任印制：许　艳
责任校对：陈　颖

出版发行：经济管理出版社
（北京市海淀区北蜂窝 8 号中雅大厦 A 座 11 层　100038）
网　　址：www. E-mp. com. cn
电　　话：（010）51915602
印　　刷：唐山玺诚印务有限公司
经　　销：新华书店
开　　本：720mm×1000mm/16
印　　张：13
字　　数：204 千字
版　　次：2025 年 9 月第 1 版　　2025 年 9 月第 1 次印刷
书　　号：ISBN 978-7-5243-0438-8
定　　价：98.00 元

前言

黄河，被誉为中华民族的母亲河，以其博大的胸怀和深厚的底蕴，孕育了华夏文明，见证了中华民族的兴衰变迁。然而，随着经济社会快速发展，黄河流域的水资源管理和生态环境保护面临着前所未有的挑战。人口增长、工业化与城市化进程加速，导致黄河流域的水资源供需矛盾日益突出，生态环境压力持续增大。

在这样的背景下，深入研究黄河流域的水资源问题，探索科学、合理、可持续的水资源管理和保护策略，显得尤为重要。本书正是基于这一目的，旨在通过对黄河流域水资源的全面剖析，揭示其内在规律，提出针对性的解决方案与对策建议，为黄河流域的可持续发展贡献力量。本书开篇即概述了黄河流域的基本情况，包括其地理位置、地势地形、气候特征、水系分布以及土地资源状况等，为读者构建了清晰的流域背景。这些信息不仅为后续章节的深入分析奠定了基础，也帮助读者理解黄河流域水资源问题的复杂性和特殊性。

在此基础上，本书深入探讨了黄河流域的水资源特性。河川径流是黄河流域水资源的重要组成部分，其时空演变规律对于水资源的管理和利用至关重要。本书通过分析黄河流域降水量的时空分布特征、水文站和气象站观测的蒸发量变化趋势，揭示了河川径流的变化规律及其成因。同时，本书还关注了地下水资源的变化情况，分析了地表水与地下水的相互转化关系，以及地下水储量变化的影响因素，为黄河流域地下水资源的合理开发和保护提供了科学依据。

面对黄河流域水资源管理和保护面临的挑战，本书从多个角度进行了深入分析。一方面，本书探讨了黄河流域水资源的配置与优化管理问题。在有限的水资源条件下，合理配置水资源以提高利用效率，是实现流域可持续发展的关键。本书分析了当前水资源配置中存在的问题，提出了优化水资源配置结构、加强水资源节约和集约利用等对策和建议。另一方面，本书也关注了黄河流域水资源环境的监测与保护管理。随着工业化与城市化的加速推进，水环境污染问题日益突出。本书介绍了现代科技手段在水资源保护中的应用，如多泥沙水质自动监测站、ZigBee 技术等，并探讨了流域主体功能的优化与水资源再分配问题，为黄河流域水资源环境的保护和修复提供了技术支持和政策建议。

此外，本书还特别探讨了黄河流域水资源环境保护与经济高质量发展的协同路径。在当前经济社会发展的新阶段，如何在保护水资源环境的同时实现经济的高质量发展，是摆在我们面前的一项重大课题。本书从理论框架构建、测度分析、门槛效应研究等多个方面，深入探讨了黄河流域水资源环境保护与经济高质量发展的协同路径。通过分析水环境保护与经济高质量发展的内在联系，揭示了两者之间相互促进和制约的关系，并提出了推动两者协同发展的对策建议。这些对策建议不仅有助于提升黄河流域的生态环境质量，也为流域内经济社会的可持续发展提供了有力支撑。

希望本书的出版能够引起社会各界对黄河流域水资源问题的关注和重视，为推动黄河流域的繁荣和发展贡献一份力量。同时，也期待本书的研究成果能够为其他流域的水资源管理和保护工作提供有益的借鉴。

目 录

第一章 黄河流域概览 …… 1

第一节 黄河流域的位置与范围 …… 1

第二节 黄河流域的地势与地形 …… 5

第三节 黄河流域的土壤与植被 …… 8

第四节 黄河流域的气候与水系 …… 12

第五节 黄河流域的土地资源 …… 18

第六节 黄河流域的水文地质特征 …… 26

第二章 黄河流域河川径流与特性研究 …… 30

第一节 黄河流域降水的时空演变规律 …… 30

第二节 黄河流域水文站和气象站蒸发皿蒸发量的时空变化与差异分析 …… 38

第三节 黄河径流量历史演变的规律与成因分析 …… 49

第三章 黄河流域地下水资源变化分析 …… 56

第一节 黄河流域内地表水与地下水的转化关系 …… 56

第二节 黄河流域地下水储量变化的特征与驱动因素分析 …… 61

第三节　黄河流域城镇化及其对地下水的影响探索 …………………… 63
第四节　黄河流域灌溉发展的演变与地下水资源 …………………… 70
第五节　黄河流域地下水储量的时空演变与影响因素 ……………… 77
第六节　黄河流域地下水环境存在的问题与建议 …………………… 79

第四章　黄河流域水资源的配置与优化管理 ……………………………… 83

第一节　黄河流域农业水资源高效利用与优化 ……………………… 83
第二节　黄河流域水资源供需的新态势与对策 ……………………… 87
第三节　黄河流域水资源效率的测度 ………………………………… 92
第四节　黄河流域水资源的配置与优化 ……………………………… 97
第五节　黄河流域水资源的节约集约利用能力评价……………………… 102

第五章　黄河流域水资源的利用管理及其价值…………………………… 109

第一节　基于可持续发展的黄河水资源管理…………………………… 109
第二节　黄河流域水权市场建设以及水资源的利用…………………… 116
第三节　黄河水权转换的探索…………………………………………… 124
第四节　黄河下游引黄供水管理的问题与对策………………………… 129
第五节　黄河水量调度问题与管理系统的建设………………………… 131

第六章　黄河流域水资源环境的监测与保护……………………………… 136

第一节　多泥沙水质自动监测站在黄河水资源保护中的应用………… 136
第二节　黄河水环境污染应急监测中的ZigBee技术 ………………… 143
第三节　氨氮在线仪在黄河水环境监测中的应用探索………………… 150
第四节　流域主体功能优化与黄河水资源再分配……………………… 155
第五节　黄河水环境保护的对策………………………………………… 160

第七章　黄河流域水资源环境保护与经济高质量发展的协同路径………… 165

第一节　水环境保护与经济高质量发展协同路径的理论框架………… 165

第二节 黄河流域水环境保护与经济高质量发展的测度分析………… 171
第三节 黄河流域水环境保护与经济高质量发展的门槛效应研究…… 175
第四节 黄河流域水环境保护与经济高质量发展的交互胁迫及耦合协同路径研究…………………………………………………… 180
第五节 黄河流域水环境保护与经济高质量发展协同的空间关联网络与驱动机制分析………………………………………… 183
第六节 黄河流域水环境保护与经济高质量发展协同路径的优化路径…………………………………………………………… 188

参考文献…………………………………………………………………… 194

第一章 黄河流域概览

黄河，作为中华文明的摇篮，其流域的地理、气候、水文等特征对中华民族的生存和发展具有深远影响。本章将全面概述黄河流域的概况，从位置与范围、地势与地形、土壤与植被、气候与水系、土地资源以及水文地质特征等多个方面进行深入探讨。

第一节 黄河流域的位置与范围

一、黄河流域的地理位置

黄河流域，作为中国乃至世界上重要的地理单元之一，其地理位置独特且意义重大。它位于中国北方的广袤大地上，是中华民族的母亲河——黄河所流经的区域。黄河，作为中国的第二长河，其源头位于青藏高原巴颜喀拉山北麓的约古宗列盆地。从这里开始，黄河自西向东蜿蜒流淌，穿越青海、四川、甘肃、宁夏、内蒙古、陕西、山西、河南及山东 9 个省（自治区），最终注入渤海，完成了其壮阔的旅程。

黄河流域位于北纬 32°至 42°，东经 96°至 119°。这一区域覆盖了中国的中西部和东部部分地区，流域面积广阔，是中国重要的内河流域之一。黄河流域的地形地貌复杂多样，从上游的高山峡谷，到中游的黄土高原，再到下游的华北平原，各种地形地貌交相辉映，构成了黄河流域独特的自然景观。

在气候方面，黄河流域的气候类型多样，但总体属于温带季风气候区。由于流域内南北跨度较大，气候差异也较为明显。上游地区气候寒冷，降水较少，但雪线较高，冰雪融水成为黄河的重要水源之一；中游地区气候干旱，水土流失严重，是黄河泥沙的主要来源；下游地区气候温暖湿润，降水较多，是黄河的重要灌溉区和农业生产区。这种气候差异对黄河流域的农业生产、水资源利用等方面都产生了重要影响。

黄河流域不仅自然景观丰富，而且历史文化底蕴深厚。自古以来，黄河就是中华民族的重要发源地之一，孕育了灿烂的中华文明。在黄河流域的广袤土地上，留下了许多珍贵的历史遗迹和文化遗产，如龙门石窟、云冈石窟、秦始皇兵马俑等。这些文化遗产不仅是中国人民的宝贵财富，也是全人类共同的财富。

然而，黄河流域也面临着一些生态环境和经济发展方面的问题。由于长期的人类活动和自然因素的影响，黄河流域内水土流失加剧、水资源短缺严重，生态环境恶化问题日益突出。为了保护和改善黄河流域的生态环境，我国采取了一系列措施，包括加强水土保持、推进节水型社会建设、加强生态环境保护和修复等。这些措施的实施将有助于促进黄河流域的可持续发展和生态文明建设。

二、黄河流域的范围

黄河流域范围广泛，它涵盖了青海、四川、甘肃、宁夏、内蒙古、陕西、山西、河南、山东 9 个省（自治区）的全部或大部分地区，以及河北、天津、北京等省市的极少部分区域。这一庞大流域的总面积达到了约 79.5 万平方千米，约占全国国土总面积的 7.9%，充分显示出黄河流域在中国版图上的重要地位①。

① 资料来源：抖音百科发布的《黄河流域（黄河所流经的地理生态区域）》。

青海省的黄河流域面积最大，占据了流域总面积的近1/5。这里既是黄河的发源地，也是流域内生态环境保护和治理的关键区域。四川省紧随其后，四川盆地和周边山区的生态环境对于黄河流域的整体生态安全具有重要意义。甘肃省和宁夏回族自治区在黄河流域中同样占据重要位置。甘肃省的黄土高原地区和宁夏的黄河灌区，既是农业生产的重要基地，也是水土流失治理和生态修复的重点区域。

黄河流域的行政区划涉及多个省份和自治区，这种跨区域的特性使得流域内的生态环境保护和经济发展面临着更为复杂的协调和管理问题。不同区域之间在经济发展水平、生态环境状况、资源禀赋等方面存在差异。如何在保障各区域自身利益的同时，实现流域整体的生态保护和可持续发展，成了一个亟待解决的问题。

然而，正是这种跨区域的特性，赋予了黄河流域在国家生态文明建设中的重要地位。黄河流域的生态环境保护和治理不仅关系到流域内居民的生存和发展，更关系到国家的生态安全和可持续发展。因此，加强黄河流域的生态保护和环境治理，推动流域内的绿色发展和生态文明建设，对实现国家的长远发展目标具有重要意义。

三、黄河流域的重要性

首先，黄河流域是中国农业生产的重要基地。流域内广袤的土地、肥沃的土壤以及丰富的水资源，为农业生产提供了得天独厚的自然条件。从黄河上游的青海、甘肃等地的高原牧区，到中游的黄土高原和华北平原，再到下游的黄河三角洲，形成了多样化的农业生产格局。小麦、玉米、棉花、大豆等多种农作物在这里广泛种植，为国家粮食安全提供了有力保障。同时，流域内的畜牧业发展迅速，牛、羊等畜产品的生产有力保障了国内市场需求，并成为推动农村经济发展的重要力量。

其次，黄河流域拥有丰富的能源和矿产资源，是国家能源战略的重要组成部分。流域内煤炭、石油、天然气等化石能源储量丰富，为国家提供了稳定的能源供应。其中，山西、陕西等地的煤炭资源尤为丰富，是中国重要的煤炭生产基地。此外，流域内还蕴藏着丰富的金属和非金属矿产资源，如铁、铜、铝、稀土等。这些资源的开发和利用，对推动国家工业化和现代化进程具有重要意义。

最后，黄河流域作为连接中国内陆与沿海、南方与北方的重要枢纽，其交通和物流地位不可忽视。流域内铁路、公路、水路等交通网络四通八达，为商品的流通和人员的往来提供了便利条件。特别是黄河干流及其支流的水路运输，不仅连接了流域内的多个城市和地区，还与沿海港口相通，形成了便捷的水陆联运体系。这为国家物流产业的发展和区域经济的合作提供了有力支撑①。

然而，黄河流域的生态环境也面临着前所未有的挑战。长期以来，由于过度开发和不合理利用，流域内的水资源短缺、水土流失、水污染等问题日益严重。这些问题不仅影响了流域内的生态环境和农业生产，还对国家的经济发展和生态文明建设构成了严重威胁。特别是黄土高原地区的水土流失问题，已成为制约当地经济社会发展和影响黄河下游生态安全的关键因素。

因此，加强黄河流域的生态环境保护和治理，实现流域内的可持续发展，已成为国家发展的重要任务之一。国家高度重视黄河流域的生态保护工作，出台了一系列政策措施，加强了对流域内水资源、土地、森林等自然资源的保护和管理。同时，积极推动流域内的生态修复和治理工作，通过植树造林、水土保持、污染治理等措施，努力改善流域内的生态环境质量。

在推动黄河流域生态文明建设进程中，还需要注重流域内的协调发展。要加强流域内各省（自治区）之间的合作与交流，共同推进水资源管理、生态环境保护、农业生产和能源资源开发等方面的协调发展。通过优化产业布局、促进区域合作、推动绿色发展等措施，实现流域内经济繁荣和生态安全的双赢局面。

---

① 蒋秀华，郭邵萌，李焯，王莹．基于 3S 技术的黄河流域特征值界定［J］．人民黄河，2019，41（2）：5-9.

第二节　黄河流域的地势与地形

一、黄河流域的地势特征

黄河流域的地势总体呈现西高东低的态势。流域西部河源地区平均海拔在4000米以上，由一系列高山组成，常年积雪，冰川地貌发育。中部地区海拔在1000~2000米，主要为黄土地貌，水土流失严重。而东部地区则主要由黄河冲积平原组成，地势相对平坦①。

二、黄河流域的地形特征

黄河流域作为中国的一条重要水系，其地理特征和地貌单元自西向东呈现出多样化和复杂性的显著特点。从青藏高原的巍峨山脉到黄淮海平原的广袤大地，黄河流域的地貌变迁见证了自然力量的鬼斧神工和人类文明的沧桑巨变。

黄河流域的起点位于青藏高原的巴颜喀拉山脉。这里地势高耸，群山连绵，是黄河的发源地。青藏高原的隆起，不仅塑造了雄伟的地貌景观，还对黄河的形成和发展产生了深远的影响。高原上的冰川和雪山融化，形成了黄河最初的涓涓细流，这些水流在高原的沟壑和峡谷中汇聚，逐渐形成了规模宏大的河流。

随着黄河向东流淌，进入了内蒙古高原。这片高原地势相对平坦，但仍有部分丘陵和山地分布其间。在内蒙古高原上，黄河形成了一系列重要的农业区，如河套平原。这里土壤肥沃，气候适宜，是中国北方重要的粮食生产基地。黄河的灌溉为这些地区的农业发展提供了得天独厚的条件，使得这里成为内蒙古乃至全国的重要农产区。继续向东，黄河流入了黄土高原地区。黄土高

---

①　资料来源：百度百科发布的“黄河流域”词条。

原是中国水土流失最为严重的地区之一。该地区地形破碎，土质疏松，植被覆盖率低，再加上暴雨的冲刷和河流的侵蚀，水土流失问题十分突出。黄河流经这一地区时，携带了大量的泥沙，导致河水的含沙量急剧增加。这些泥沙在下游地区不断淤积，形成了举世闻名的“地上悬河”，对航运和防洪构成极大威胁。下游的黄淮海平原是中国第二大平原，地势低平，土壤肥沃。黄河携带的泥沙在这里淤积，形成了广袤的冲积平原。这些平原地区不仅是我国重要的农业生产基地，还是人口密集、经济发达的区域。然而，持续的泥沙淤积和河道变迁，也给这一地区的防洪和治理带来了巨大的挑战。

黄河流域的地貌单元和地形特征不仅影响了河流的流向和水文特征，还对流域内的生态环境和经济发展产生了深远的影响。在青藏高原和内蒙古高原，由于地势高耸和气候寒冷，生态环境相对脆弱。而在黄土高原和黄淮海平原，由于水土流失和河流淤积等问题，生态环境也面临着巨大压力。因此，加强黄河流域的生态环境保护和治理工作尤为重要。

为了保护黄河流域的生态环境，需要采取一系列有效措施。首先，要加强流域内的水资源管理和保护，合理利用水资源，减少水污染和浪费。其次，要加强水土流失的治理工作，通过植树造林、水土保持等措施，提高植被覆盖率，有效减少水土流失。此外，还需要加强防洪和治理工作，完善防洪设施，提高防洪能力，确保人民群众的生命财产安全。

三、地形对黄河流域的影响

（一）水文特征

黄河流域的地形特征对其水文特征的影响深远而复杂。上游地区，即青藏高原至内蒙古高原的过渡地带，地势高耸，峰峦叠嶂。这里不仅是黄河的发源地，更是其径流的重要补给区。由于高原地区降水相对丰富，加之冰雪融水的补充，这一区域形成了充沛的径流。这些水源在崇山峻岭间穿梭，切割出深邃的峡谷，为黄河注入了强大的生命力。

当黄河进入中游的黄土高原地区时，其水文特征发生了显著变化。黄土高原以其独特的土质和地形，成为黄河泥沙的主要来源地。这里土质疏松，植被覆盖率低，加之夏季暴雨频发，导致水土流失问题极为严重。黄河在流经这一区域时，大量泥沙被冲刷入河，导致河水的含沙量急剧上升，成为世界上含沙量最大的河流之一。这些泥沙在下游地区逐渐淤积，形成了“地上悬河”的奇观，给防洪工作带来了巨大挑战。

（二）生态环境

黄河流域的地形特征同样对其生态环境产生了深远影响。上游地区的高山峡谷和草原湿地，不仅是黄河径流的主要来源，更是重要的水源涵养区。这些区域拥有丰富的生物多样性，是众多珍稀动植物的栖息地。同时，湿地生态系统在调节气候、净化水质、保持水土等方面发挥着不可替代的作用，为下游地区提供了稳定的水源保障。

中游地区的黄土高原，虽然水土流失问题严重，但同时也是生态修复和治理的重点区域。通过植树造林、水土保持等措施，可以有效减少泥沙流失，改善生态环境。近年来，随着国家生态文明建设的深入推进，黄土高原地区的生态环境得到了显著改善，生物多样性逐步恢复。

下游地区的冲积平原，是黄河三角洲的重要组成部分。这里地势平坦，土壤肥沃，适宜农业生产。同时，得益于河流的滋养，该区域形成了丰富的湿地生态系统，为众多鸟类和水生生物提供了良好的生存环境。然而，随着城市化进程的加快和土地资源的过度开发，这一地区的生态环境也面临着严峻挑战。

（三）经济发展

黄河流域的地形特征还对其经济发展产生了重要影响。上游地区的水能资源丰富，为发展水电等清洁能源提供了得天独厚的条件。这些清洁能源的开发利用，不仅有助于缓解能源短缺问题，还能促进当地经济的可持续发展。

中游地区的黄土高原，尽管自然条件相对严酷，但仍适宜发展农业和畜牧业。通过科学的种植和养殖，可以充分利用土地资源，提高农业综合生产能力。同时，依托当地丰富的农产品资源，可以发展农产品加工业和乡村旅游等产业，推动乡村经济振兴。

下游地区的冲积平原，由于土壤肥沃、水资源丰富，适宜发展种植业和渔业等产业。这里不仅是中国重要的粮食生产基地之一，还拥有丰富的渔业资源。通过优化产业结构、提高农业科技水平等措施，可以进一步提升这一地区的农业综合效益和竞争力。

第三节　黄河流域的土壤与植被

一、黄河流域的土壤特征

（一）黄土：历史的见证与生态的挑战

黄土，无疑是黄河流域最具标志性的土壤类型，广泛分布于中游的黄土高原地区。黄土的形成与青藏高原的隆起、古气候的变化以及风力沉积作用密切相关。这种土壤具有土层深厚、质地疏松、垂直节理发育等特点，为农业生产提供了广阔的土地资源。黄土高原也因此成为中国乃至世界上重要的农耕区之一，孕育了悠久的中华文明。

然而，黄土高原的生态环境也面临着严峻挑战。由于该地区降水集中且多暴雨，加之历史上长期的人类活动（如过度开垦、放牧等）导致植被覆盖率降低，水土流失问题日益严重。这不仅造成了土地生产力的下降，还加剧了河流的泥沙淤积，对下游地区构成了防洪压力。千沟万壑的地貌景观，既是自然力量的见证，也是人类活动对自然环境影响的深刻体现。

（二）砂壤土：农业的潜力与挑战

砂壤土主要分布在黄河流域的平原和丘陵地区，如华北平原、河套平原等。这种土壤通气透水性好，结构疏松，有利于农作物的根系生长和养分吸收。这些特性使砂壤土成为适宜农作物种植的理想土壤之一，特别是在灌溉条件较好的地区，能够充分发挥其生产潜力。

然而，砂壤土的保水保肥能力相对较差，容易受到干旱和养分流失的影响。因此，在砂壤土地区进行农业生产时，需要采取合理的灌溉和施肥措施，以提高土壤的保水保肥能力，确保农作物的稳定生长和产量。

(三) 草甸土：草原的生态宝藏

草甸土主要分布在黄河流域的草原和湿地地区，如内蒙古草原、黄河三角洲湿地等。这种土壤土层深厚，有机质含量高，保水保肥能力强，是草原植被生长的重要基础。草甸土不仅为畜牧业提供了丰富的饲草资源，还维持着草原生态系统的平衡和稳定。

草原是地球上重要的生态系统之一，具有防风固沙、保持水土、调节气候等功能。在黄河流域，草原生态系统对于维护区域生态平衡、保护生物多样性具有重要意义。然而，随着人类活动的加剧，草原退化、沙化问题日益严重，对草甸土的保护和合理利用提出了更高要求。

(四) 其他土壤类型：自然环境的多样性

除黄土、砂壤土和草甸土外，黄河流域还分布着棕壤土、褐色土、灰褐土、灰钙土、漠钙土等多种土壤类型。这些土壤类型在分布上具有一定的地域性，反映了黄河流域复杂多样的自然环境和气候条件。

例如，棕壤土主要分布在山东半岛等地，具有良好的肥力和通气性；褐色土则广泛分布于陕西、甘肃等地，适宜多种农作物的生长；灰褐土和灰钙土则主要分布在黄土高原的干旱和半干旱地区，具有耐旱、耐盐碱等特点。土壤类型的多样性和地域性，为黄河流域的农业生产和生态保护提供了丰富的资源基础。

二、黄河流域的植被特征

(一) 森林草原植被：生命的绿洲与水源的守护者

森林草原植被是黄河流域上游和中游地区的重要植被类型，主要分布在青海高原以及凉城、兴县、离石、延长、志丹、庆阳、平凉、通渭一线以南和以东地区。这些地区得益于较高的海拔和适宜的气候条件，降水充沛，为森林和草原植被的生长提供了良好的环境。森林草原植被不仅丰富了当地的生物多样性，还通过涵养水源、调节气候等功能，成为黄河径流的重要来源和水源涵养区。在青海高原等地，高山针叶林、高山灌丛等高山植被类型，更是黄河上游径流的重要补给源，对维持黄河水量稳定、保障下游地区用水安全具有重要意义①。

（二）干草原植被：畜牧业的摇篮与生态的挑战

干草原植被主要分布在黄河流域的中游和下游地区，包括阴山山脉河曲、靖边、同心、景泰一线以南，森林草原地带以北。这些地区降水较少，气候干旱，植被以草本植物为主，如针茅、羊草等，形成了广袤的草原景观。干草原植被不仅是畜牧业发展的重要区域，为当地牧民提供了丰富的饲草资源，更是维持生态平衡、防止土地沙化的重要屏障。然而，随着人类活动的加剧，如过度放牧、开垦等，干草原植被面临着严重的退化问题，对当地生态环境和畜牧业发展构成了威胁。

（三）荒漠草原植被：生态的脆弱与保护的重任

荒漠草原植被部分分布在黄河流域的西北部上游地区，包括鄂尔多斯高原及河套地区。这些地区气候极端干旱，降水稀少，植被稀疏，以荒漠草原和沙生植物（如梭梭、白刺等）为主。荒漠草原植被是生态环境最为脆弱的区域之一，极易受到气候变化和人类活动的影响。土地沙化、盐渍化等问题日益严重，对当地居民的生计和生态环境构成了严峻挑战。因此，加强荒漠草原植被的保护和恢复工作，对于维护黄河流域的生态安全具有重要意义②。

（四）高山植被：生命的奇迹与自然的馈赠

高山植被主要分布在黄河流域的上游地区，如青藏高原等地。这些地区海拔高、气候寒冷，植被以高山草甸、高山灌丛和高山寒漠植被为主。高山植被

① 薛联青，王文壮，刘远洪，等．黄河流域植被总初级生产力对持续性干旱水分亏缺的响应［J］．水资源保护，2024，40（3）：41-51.

② 尹作堂，常军．2000—2020 年黄河流域土壤侵蚀及其驱动因素分析［J］．西安理工大学学报，2023，39（3）：360-368.

不仅丰富了黄河流域的植被类型，更通过涵养水源、调节气候等功能，对黄河径流产生了重要影响。在青藏高原等地，高山冰川和积雪是黄河上游径流的重要补给源，对维持黄河水量稳定、保障下游地区用水安全具有不可替代的作用。同时，高山植被也是当地生物多样性的重要组成部分，为许多珍稀物种提供了栖息地①。

三、土壤与植被间的关系

黄河流域的土壤与植被之间存在一种紧密且微妙的相互关系，它们共同维系着区域的生态平衡。土壤作为植被生长的基础，不仅为其提供必要的支撑，更蕴含丰富的养分，为植被的生长发育提供源源不断的能量。而植被作为土壤上的生命体，其根系能够深入土壤，改善土壤结构，增强土壤的通气性和透水性。同时，植被凋落的枯枝落叶也能为土壤增添有机质，提高土壤的肥力。

然而，这种和谐的共生关系正受到人类活动的严重威胁。随着工业化、城市化的加速推进，黄河流域的土壤和植被面临着前所未有的挑战。过度开垦、放牧、砍伐等活动导致水土流失严重，土地沙化加剧，植被破坏严重，生态环境日益恶化。这不仅削弱了土壤的生产能力，降低了植被的覆盖率，还加剧了黄河的泥沙淤积，对下游地区的防洪安全构成潜在威胁。

因此，我们必须深刻认识到黄河流域土壤与植被保护的重要性，采取有效措施，加强生态修复和治理工作，以维护这一区域的生态环境和经济发展。只有科学规划、合理利用和保护土壤与植被资源，才能实现黄河流域的可持续发展。

---

① 赵倩倩，李建华，张桂琴，石云. 气候变化背景下黄河流域植被变化及其成因［J］. 气候与环境研究，2022，27（1）：157-169.

第四节 黄河流域的气候与水系

一、黄河流域的气候

黄河流域幅员辽阔，山脉众多，东西地势高低悬殊，各区地貌差异显著。流域处于中纬度地带，受大气环流和季风环流影响的情况较为复杂，所以流域内不同地区气候的差异显著，气候要素的年际、季节变化大。该流域冬长夏短，冬季与夏季温差悬殊，四季气温变化分明。

（一）光照充足，太阳辐射较强

黄河流域属于全国范围内日照条件比较充足的区域。该区域大部分时间都能享受到充足的阳光照射，显示出黄河流域在光照资源上的优势。这种充足的光照条件为黄河流域的农业生产提供了有力支持，使得该地区成为重要的粮食和经济作物产区。

（二）季节气温差别大，温差悬殊

黄河流域的气候在季节上表现出显著的差异。上游青海省久治县以上的河源地区为“全年皆冬”，气候严寒，雪线常年不化。久治至兰州区间及渭河中上游地区则为“长冬无夏，春秋相连”，冬季漫长，夏季短暂，春秋季节过渡不明显。兰州至龙门区间为“冬长夏短”，冬季长达6~7个月，夏季则只有1~2个月①。流域其余地区则呈现出“冬冷夏热，四季气温分明”的特点。温差悬殊是黄河流域气候的一大特征。总的来看，随着地形从西向东的三级阶梯变化，气温逐渐由冷变暖，东西向的气温梯度明显大于南北向梯度。这种气温差异对农业生产、人类居住以及生态环境都产生了重要影响。

---

① 王庆斋，王春青，赵卫民．黄河流域暴雨监测技术［M］．北京：中国水利水电出版社，2006.

（三）降水较少，集中在七八月

黄河流域的降水量相对较少，大部分地区年降水量在200~650毫米。然而，中上游南部和下游地区的降水量则超过650毫米，显示出降水量的地域差异。黄河流域的气候特点之一是“冬干春旱，夏秋多雨”。其中，6~9月的降水量占全年降水总量的70%左右，而盛夏7~8月的降水量则可占全年降水总量的四成以上①。这种降水分布特点对农业生产、水资源管理和防洪抗旱工作都提出了严峻挑战。

（四）灾害性天气频发

黄河流域的灾害性天气主要包括冰雹、沙暴和扬沙等。冰雹是黄河流域的主要灾害性天气之一。冰雹天气对农业生产、交通运输和人民生命财产安全构成了严重威胁。沙暴和扬沙主要由大风所引起，并且与当地（或附近）的地质条件及植被状况密切相关。沙暴和扬沙天气不仅影响交通运输和人民正常生活，还对生态环境造成了严重破坏②。

（五）无霜期短

黄河流域的无霜期相对较短。初霜日由北至南、从西向东逐步开始，且同纬度的山区早于平原、河谷和沙漠地区。流域终霜日的迟早分布特点则与初霜日正好相反。无霜期的长短对农业生产具有重要影响。在无霜期较短的地区，农业生产受到严重限制，通常只能种植耐寒作物，或通过采取保护地栽培等措施来延长作物的生长期。这种无霜期短的特点对黄河流域的农业种植结构和产量都产生了重要影响。

二、黄河流域的气候类型与分区

（一）高原山地气候

高原山地气候主要分布在黄河流域上游的青藏高原地区。这一区域地势高

① 资料来源：水利部黄河水利委员会发布的《黄河水资源公报》。

② 慎璐璐，杨艳芬，吴晶，等．黄河流域极端气候事件时空变化规律［J］．水土保持研究，2022，29（2）：231-242.

峻，平均海拔在4000米以上，空气稀薄，气压低，氧气含量相对较少。因此，高原山地气候的主要特点是气候寒冷，昼夜温差大，降水较少，但雪线较高。

在青藏高原地区，由于地势的抬升作用，暖湿气流在上升过程中逐渐冷却，导致水汽凝结成雪或冰，形成了广袤的雪山和冰川。夏季，随着气温的升高，这些冰川和雪山开始融化，形成大量的冰雪融水。这些融水通过河流、湖泊等水体，最终汇入黄河，成为黄河的重要水源之一。

同时，高原山地气候还带来了独特的生态环境。由于气候寒冷，植被生长缓慢，形成了独特的草原、灌木丛和苔原地带。这些植被不仅为当地野生动物提供了栖息地，还通过光合作用等生物过程对气候环境产生了重要影响。

（二）温带大陆性气候

温带大陆性气候主要分布在黄河流域中上游的内蒙古高原和黄土高原地区。这一区域地势相对平坦，但气候干旱，降水稀少，水土流失严重。

温带大陆性气候的主要特点是气温年较差和日较差都很大，冬季寒冷干燥，夏季炎热少雨。由于降水不足，土壤中的水分蒸发强烈，导致土壤干燥、贫瘠。同时，由于地形地貌的复杂性和人类活动的干扰，这一区域的水土流失问题十分严重。大量的泥沙被雨水冲刷到河流中，这里成为黄河泥沙的主要来源。

温带大陆性气候对黄河流域的生态环境和经济社会产生了深远的影响。一方面，干旱的气候条件限制了农业生产的发展，导致这一区域的经济社会发展相对滞后。另一方面，水土流失问题导致了黄河河床的抬高和河道的淤积，对黄河的防洪和灌溉功能产生了不利影响。

（三）温带季风气候

温带季风气候主要分布在黄河流域中下游的华北平原地区。这一区域地势平坦开阔，气候温暖湿润，降水较多，是黄河的重要灌溉区和农业生产区。

温带季风气候的主要特点是四季分明，夏季炎热多雨，冬季寒冷干燥。由于降水充足，土壤中的水分含量较高，有利于农作物的生长和发育。同时，由于地形地貌的平坦性，这一区域的农业生产条件相对优越，是中国重要的粮食生产基地之一。

温带季风气候还对黄河流域的生态环境产生了重要影响。一方面，充足的降水有利于植被的生长和发育，形成了丰富的森林和草原生态系统。另一方面，由于降水较多，这一区域的河流和水库等水体得到了充分的补给，为黄河的防洪和灌溉功能提供了有力保障。

三、黄河流域的水系

（一）黄河干流

黄河是中国第二长河，全长 5464 千米，流域面积 75.24 万平方千米（包括鄂尔多斯内流区 4.2 万平方千米）。它发源于青海省巴颜喀拉山脉的约古宗列盆地，流经青海、四川、甘肃、宁夏、内蒙古、山西、陕西、河南、山东 9 个省（自治区），在山东省东营市垦利区注入渤海①。

（二）主要支流

黄河流域汇集了 40 多条主要支流和 1000 多条溪川，这些支流在黄河流域内发挥着重要作用②。以下是一些主要支流：

（1）渭河。作为黄河的最大支流，其源头位于甘肃省渭源县鸟鼠山，自西向东流经甘肃、宁夏、陕西 3 省（自治区）。在陕西省潼关县，渭河与黄河交汇，将丰富的水资源和肥沃的泥沙带入黄河，为下游的农业生产提供了重要保障。渭河流域地势平坦，土壤肥沃，是中国重要的农业区之一。

（2）泾河。作为渭河的主要支流之一，其发源于宁夏回族自治区六盘山东麓，流经甘肃、宁夏、陕西 3 省（自治区），最终在陕西省高陵区汇入渭河。泾河水质清澈，为渭河及黄河提供了宝贵的水资源。同时，泾河流域也是黄土高原的重要组成部分，其独特的地貌和气候条件孕育了丰富的生态资源。

（3）汾河。黄河的第二大支流，其发源于山西省宁武县管涔山，全长约 713 千米，自北向南流经山西全省，最终在山西省万荣县汇入黄河。汾河流域地势起伏，山川秀美，是山西省重要的水源地和生态屏障。汾河不仅为下游地

---

① 郁汉仲，董国超．地理百科［M］．北京：中国经济出版社，2013.

② 邹德文．旅游客体文化研究［M］．北京：燕山大学出版社，2022.

区提供了灌溉和生活用水，还孕育了丰富的文化遗产和历史景观。

（4）洛河。作为黄河的重要支流之一，其发源于陕西省洛南县，自西向东流经陕西、河南两省，最终在河南省巩义市汇入黄河。洛河流域地势险峻，山川壮丽，是陕西省和河南省的重要水源地之一。洛河不仅为下游地区提供了灌溉和生活用水，还以其独特的自然风光和人文景观吸引了无数游客前来观光旅游。

（5）沁河。其发源于山西省沁源县，自北向南流经山西全省，最终在河南省武陟县汇入黄河。沁河流域地势平坦，土壤肥沃，是山西省重要的农业区和生态屏障。沁河不仅为下游地区提供了灌溉和生活用水，还以其丰富的生态资源和文化遗产成为山西、河南两省沿河流域重要旅游资源之一。

除上述主要支流外，黄河流域还汇聚了无定河、窟野河、大黑河、白河、黑河、湟水、祖厉河、清水河等众多支流。这些支流各具特色，共同构成了黄河流域复杂而庞大的水系网络。无定河发源于陕西省北部的定边县白于山北麓，全长约 442 千米，是黄河中游的重要支流之一；窟野河发源于内蒙古自治区东胜区的巴定沟，全长约 244 千米，是黄河中游的重要支流之一；大黑河发源于内蒙古自治区卓资县十八台镇灰腾梁，全长约 236 千米，是黄河中游的重要支流之一；白河和黑河分别发源于四川省红原县查真梁子和四川省红原县与松潘县交界处的岷山西麓，是黄河上游的重要水源地之一；湟水发源于青海省海晏县包呼图山，全长约 374 千米，是黄河上游的重要支流之一；祖厉河发源于甘肃省会宁县太平店镇大山顶，全长约 280 千米，是黄河上游的重要支流之一；清水河发源于内蒙古自治区固源市原州区开城镇黑刺沟脑，全长约 168 千米，是黄河上游的重要支流之一①。

这些支流与溪川共同构成了黄河流域的水系网络，为黄河流域的经济发展、农业生产、生态保护和旅游观光等方面提供了重要的支撑。同时，黄河流域的水系网络也面临着诸多挑战，如水土流失、水污染、生态退化等问题。因此，加强黄河流域的水资源管理和生态保护工作，实现水资源的可持续利用和生态环境的持续改善，是当前和今后一个时期的重要任务。

---

① 朱道清．中国水系大辞典［M］．青岛：青岛出版社，1993.

（三）湖泊与水库

黄河流域内还有一些重要的湖泊和水库，如扎陵湖、鄂陵湖、乌梁素海和东平湖等。这些湖泊和水库在调节黄河水量、蓄洪防旱、改善生态环境等方面发挥着重要作用。

扎陵湖与鄂陵湖是镶嵌在黄河上游河源区的璀璨明珠。它们是中国海拔较高地区较大的高原淡水湖，犹如一对姊妹花，静静地躺在青藏高原的怀抱中。这两片湖泊并非现代地质变迁的产物，而是由远古时期的大湖盆逐渐演变而来，见证了地球历史的沧桑巨变。扎陵湖与鄂陵湖蓄水量惊人，水质清澈透明，宛如两颗镶嵌在高原上的蓝宝石，为黄河提供了源源不断的清洁水源。在黄河的源头地区，这两片湖泊不仅是生态的守护者，更是无数水生生物的家园，它们共同维系着这一区域的生态平衡。

乌梁素海，这个曾经辉煌一时的淡水湖泊，如今静静地躺在内蒙古巴彦淖尔市乌拉特前旗的怀抱中。作为黄河改道后形成的河迹湖，乌梁素海曾以其广阔的湖面和丰富的水产资源，被誉为中国八大淡水湖之一。然而，随着人类活动的加剧，水质污染和生态退化问题日益严重，乌梁素海的面积大幅缩减，生态环境遭受重创。尽管如此，乌梁素海仍然是内蒙古地区重要的生态屏障，在调节气候、净化水质、保护生物多样性等方面有着不可替代的作用。

在黄河下游，东平湖如同一颗璀璨的明珠，镶嵌在山东梁山、东平和平阴三县的交界处。作为黄河下游仅有的一个天然湖泊，东平湖不仅是黄河洪水的重要滞蓄场所，更是京杭运河的重要水源地之一。每当黄河洪水泛滥时，东平湖便以其宽广的湖面和强大的蓄洪能力，有力保障了下游地区的人民生命财产安全。同时，东平湖周边拥有丰富的渔业资源和水资源，为当地经济发展提供了有力支撑。在保护生态环境、促进区域经济发展等方面，东平湖都发挥着举足轻重的作用。

扎陵湖、鄂陵湖、乌梁素海和东平湖这四大湖泊各具特色，共同构成了黄河流域丰富的水资源体系，在保护生态环境、促进区域经济发展等方面发挥着不可替代的作用。然而，随着人类活动加剧，这些湖泊正面临着水质污染、生态退化等严峻挑战。因此，我们需要更加珍惜这些宝贵的自然资源，加强生态保护和环境治理，让黄河流域的湖泊永远焕发勃勃生机。

第五节　黄河流域的土地资源

一、土地资源概况

黄河流域土地面积约 119207 万亩（包括内流区），占全国国土面积的 8.3%。其中，大部分为山区和丘陵，分别占流域总面积的 40%和 35%；平原较少，仅占流域总面积的 17%①。

二、土地利用类型

黄河流域的土地利用类型多样，以耕地、林地和草地为主。这三者的面积之和约占整个流域总面积的 90%②。这些土地利用类型不仅承载着流域内的农业生产、生态保护和经济发展等多重功能，还深刻影响着流域的生态环境和可持续发展。以下是对黄河流域各类土地利用类型的具体分析和探讨。

（一）耕地：农业生产的核心，但面临挑战

黄河流域的耕地面积占比较大，是流域内主要的农业生产用地。这里土地肥沃，光照充足，灌溉条件相对较好，适宜多种农作物生长，因此成为中国重要的粮食和经济作物产区。然而，由于地形、气候、水资源分布不均等因素的限制，耕地的分布并不均匀。在一些地区，如黄土高原的沟壑区和干旱半干旱的草原区，耕地资源相对匮乏，农业生产条件较差。

此外，随着人口的增长和经济的发展，社会对粮食和其他农产品的需求不

① 闫莉，余真真，张萍．黄河跨省界水环境补偿机制研究［M］．郑州：黄河水利出版社，2017.

② 黄蕊．黄河流域生态环境保护与全面高质量发展研究［M］．北京：群言出版社，2023.

断增加，这导致了一些地区出现过度开垦和不合理利用耕地的问题。过度开垦不仅破坏了原有的生态平衡，还导致了水土流失、土壤退化等环境问题。同时，不合理的耕作方式和灌溉方式也加剧了耕地质量的下降，使得农业生产面临更大的挑战。

为了保障粮食安全和农业可持续发展，黄河流域各地区需要采取一系列措施来保护和合理利用耕地资源。具体包括：加强农田水利基础设施建设，提高灌溉效率；推广先进的耕作技术和农业机械化，提高农业生产效率；实施耕地保护政策，严格控制非农建设占用耕地等①。

（二）林地：生态功能的守护者，但面临威胁

林地在黄河流域的土地利用类型中占比相对较小，但具有重要的生态功能。林地能够涵养水源、保持水土、调节气候、净化空气等，对维护流域生态平衡和保障生态安全具有重要作用。然而，由于人类活动的干扰和破坏，林地面积不断减少，森林覆盖率较低，这导致了一系列生态问题的出现。

人类活动对林地的破坏主要表现在过度砍伐、毁林开荒、非法占用林地等方面。这些行为不仅破坏了林地的生态功能，还加剧了水土流失、土地荒漠化等环境问题。同时，气候变化和自然灾害，如干旱、洪涝、病虫害等，也对林地的生存和发展构成了严重威胁。

为了保护和恢复黄河流域的林地资源，需采取一系列措施。具体包括：加强林业法律法规的制定和执行，严厉打击非法砍伐和占用林地的行为；实施退耕还林、植树造林等生态修复工程，提高森林覆盖率；加强林地管理和保护，建立健全林地监测和评估体系等。

（三）草地：畜牧业的基础，但面临退化

黄河流域的草地面积较广，是畜牧业发展的重要基础。这里草原广阔，牧草丰富，为畜牧业提供了良好的发展条件。然而，过度放牧、不合理利用等行为导致草地产草量下降，载畜量减少，草地生态系统面临严重威胁。

---

① 李增贝，何婷婷，原鹏丽，等．黄河流域土壤修复专利技术发展现状与对策分析［J］．中国农业文摘：农业工程，2023，35（6）：6-11.

过度放牧是草地退化的主要原因之一。由于畜牧业发展的需要，一些地区过度放牧，导致草地植被破坏严重，土壤裸露，水土流失加剧。同时，不合理的土地利用方式和耕作方式也加剧了草地退化。例如，在草地上开垦耕地、种植农作物等行为，破坏了草地的生态结构，降低了草地的生产力和生态功能。

为了保护和恢复黄河流域的草地资源，需采取一系列措施。具体包括：加强草原法律法规的制定和执行，严格控制过度放牧和不合理利用草地的行为；实施草原生态保护补助奖励政策，鼓励牧民转变畜牧业生产方式，发展生态畜牧业；加强草原监测和评估体系建设，及时掌握草地生态状况和资源利用情况；加强草原科技支撑和服务体系建设，提高草原保护和利用的科技水平等。

三、土地资源利用中的问题

（一）水土流失严重

长期以来，黄河流域的水土流失问题一直是制约该地区生态环境和经济发展的重要因素。水土流失是地形、气候和人类活动等多方面因素共同作用的结果。黄河流域地形复杂，山地、丘陵、平原交错分布，地势起伏大，加之气候多变，降雨集中，使得水土流失成为该地区面临的严峻挑战。

首先，地形和气候条件是水土流失的自然基础。黄河流域地势陡峭，土壤疏松，加之降雨集中，易形成暴雨，使得水流冲刷力增强，土壤易被侵蚀。特别是在山区和丘陵地带，地形起伏大，地表径流速度快，水土流失问题尤为突出。

其次，人类活动对水土流失的影响不容忽视。过度开垦、乱砍滥伐、不合理利用土地资源等行为，都加剧了水土流失。例如，在黄河流域的一些地区，由于人口增长和农业发展的需要，人们大量开垦耕地，导致地表植被破坏，土壤裸露，容易受到水流冲刷。同时，不合理的耕作方式，如过度耕作、单一作物种植等，也降低了土壤的抗蚀能力，加剧了水土流失①。

水土流失带来的后果是严重的。一方面，它导致土壤肥力下降，土地生产

① 戴红梅，孙维红．气候变化与人类活动双重驱动下小河流域水沙变化特征研究［J］．水利水电快报，2023，44（9）：20-28.

力降低。土壤中的养分随着水土流失而流失，导致土壤变得贫瘠，无法满足农作物的生长需求。另一方面，水土流失加剧了河流的泥沙淤积问题。大量的泥沙被水流冲刷到河流中，沉积在河床上，导致河床抬高，河流的通航能力和防洪能力受到影响。

（二）土地沙化

土地沙化是黄河流域面临的一大生态环境问题。在黄河流域的一些地区，过度开垦、过度放牧等不合理利用方式，导致土地沙化问题日益严重。土地沙化不仅降低了土地的生产力，还对生态环境造成了严重破坏。

过度开垦是导致土地沙化的重要原因之一。在黄河流域的一些干旱和半干旱地区，由于水资源短缺、灌溉条件有限，农民为了增加耕地面积，往往过度开垦土地。这些新开垦的土地缺乏植被保护，土壤裸露，容易受到风蚀和水蚀的侵蚀。随着时间的推移，这些土地逐渐沙化，失去了生产能力。

过度放牧也是导致土地沙化的重要原因。在黄河流域的草原地区，因畜牧业发展的需要，草原上放牧了大量牲畜。当放牧强度超过了草原的承载能力时，会导致草原植被破坏、土壤裸露。这些裸露的土壤容易受到风蚀影响，逐渐沙化。

土地沙化带来的后果是严重的。一方面，它降低了土地的生产力。沙化土地上的植被稀少、土壤贫瘠，无法满足农作物的生长需求。另一方面，土地沙化对生态环境造成了严重破坏。沙化土地上的植被减少，生物多样性降低，生态系统的稳定性和抵抗力减弱。同时，沙化土地还容易引发沙尘暴等自然灾害，对周边地区的生态环境和居民生活构成威胁。

（三）土地污染

随着工业化、城市化进程的加快，黄河流域的土地污染问题也日益凸显。大量工业废水、生活污水等未经处理直接排放到土壤中，导致土壤污染严重。这些污染物不仅影响了农产品的质量和安全，还对人类的生存环境构成了威胁。

工业废水是黄河流域土地污染的主要来源之一。一些企业为了降低成本，将未经处理的工业废水直接排放到环境中。这些废水中含有大量的重金属、有机物等有害物质，对土壤造成严重的污染。这些污染物在土壤中积累后，会通过食物链进入人体，对人体健康造成危害①。

生活污水也是土地污染的重要原因。随着城市化进程的加快和人口不断增长，生活污水排放量持续上升。然而，一些地区的生活污水处理设施不完善，大量生活污水未经处理便直接排放到环境中。这些污水中含有大量的氮、磷等营养物质以及有机物等有害物质，进而对土壤造成污染。这些污染物在土壤中积累，会导致土壤肥力下降，影响农作物生长。

此外，农药、化肥等农业投入品的过量使用也对土壤造成了污染。在农业生产中，为了提高产量和防治病虫害，农民常常过量使用农药和化肥。这些化学物质在土壤中积累，从而对土壤造成污染。这些污染物不仅降低了土壤的生产力，还对农产品的质量和安全构成了威胁。

四、土地资源保护措施

为了保护和合理利用黄河流域的土地资源，需采取一系列措施，从多个方面入手，形成综合性的保护体系。

（一）加强水土保持工作

水土保持工作是保护和合理利用黄河流域土地资源不可或缺的基础环节，其重要性不言而喻。为了有效应对水土流失这一严峻挑战，必须采取一系列科学有效的措施，以增强土壤的抗蚀能力，减少水土资源流失。

植树造林是水土保持工作中的一项重要举措。在黄河流域的山区、丘陵地带以及沙化严重的区域，应大力开展植树造林活动。通过精心挑选适合当地气候条件和土壤类型的树种进行种植，可以显著增加该区域的植被覆盖率，进而提升土壤的抗蚀性能。这些树木的根系不仅能够牢牢抓住土壤，防止其被雨水冲刷走，还能够吸收和储存大量的雨水，减少地表径流的形成，从而降低水土流失的风险。此外，植树造林还能显著改善生态环境，为野生动物提供栖息

---

① 刘瑞平，魏楠，宋志晓，王夏晖．黄河流域土壤污染治理的战略研究［J］．环境科学与管理，2021，46（9）：45-49.

地，增加生物多样性，为黄河流域的生态平衡注入新的活力。

退耕还林还草是另一项关键的水土保持措施。在黄河流域的一些干旱和半干旱地区，由于水资源短缺和长期过度开垦，土地沙化和水土流失问题日益严重。为了有效遏制这一趋势，可以采取退耕还林还草的策略。通过政府部门的积极引导和政策扶持，以及农民的自愿参与，我们可以将部分已经沙化或水土流失严重的耕地转化为林地和草地。这样不仅可以恢复植被覆盖，提高土壤的抗蚀能力，还能为农民提供新的经济来源，实现生态与经济的双赢。

除植树造林和退耕还林还草外，水土保持工程建设也是不可或缺的一环。在黄河流域的一些重点水土流失区域，我们可以建设一系列水土保持工程，如梯田、淤地坝、护岸等。这些工程能够有效地减缓水流速度，降低水流对土壤的冲刷力，从而有效地减少水土流失。梯田的建设可以将坡地改造成阶梯状，使得水流在流经时能够分散并减缓速度，减少水土流失；淤地坝则可以拦截并储存泥沙，防止其流入下游河道；护岸工程则能够保护河岸不受水流的侵蚀，维护河道的稳定。

（二）合理调整土地利用结构

合理调整土地利用结构是保护和合理利用土地资源的重要手段。根据流域内的自然条件和经济发展需求，合理调整农、林、牧业用地结构，提高土地利用效率。

优化耕地布局是提升黄河流域农业生产效率和资源利用水平的关键步骤。在黄河流域的平原和丘陵地带，我们应充分利用地形地貌和气候条件，合理规划耕地布局，确保每一寸土地都能发挥最大的生产潜力。通过推广先进的耕作技术和灌溉方式，如精准农业、节水灌溉等，我们可以有效提高耕地的产量和质量，实现农业生产的可持续发展。同时，加强对耕地的保护和管理至关重要，必须严格限制过度开垦和乱占耕地现象的发生，以确保耕地资源的长期稳定和有效利用。

在黄河流域的山区和沙化地区，发展林业和草业是增强土壤抗蚀能力、改善生态环境的有效途径。我们应结合当地的气候和土壤条件，选择适宜的树种和草种进行种植，以快速增加植被覆盖，减少水土流失。林业和草业的发展不仅能提升土壤的抗蚀能力，还能为当地农民提供丰富的就业机会和稳定的收入来源，促进农村经济的多元化发展。

此外，推进土地整治和复垦工作也是黄河流域水土保持和资源利用的重要方面。在废弃工矿区和受损土地上，我们应积极开展土地整治和复垦工作，通过科学的方法和手段，使这些土地恢复原有的生产能力和生态功能。整治后的土地可用于农业、林业和牧业等产业的发展，为黄河流域的经济发展注入新的活力。同时，土地整治和复垦工作还能有效减少土地资源的浪费和破坏，促进土地资源的可持续利用。

（三）加强土地污染治理

加强土地污染治理是保护和合理利用土地资源的重要保障。我们需要加大对工业废水、生活污水等污染源的治理力度，防止土壤污染进一步加剧。

加强工业废水治理是保护黄河流域水资源和土壤环境的紧迫任务。在黄河流域的一些工业集聚区，工业废水排放问题尤为突出，对土壤和水体造成了严重污染。为了有效应对这一问题，必须加强对工业废水的治理力度。具体而言，应建设先进的污水处理设施，确保废水在排放前达到环保标准。同时，完善污水排放管理制度，建立健全监测和监管机制；对企业进行严格的监管和执法，确保企业严格遵守环保法律法规，切实履行环保责任。

生活污水处理同样不容忽视。在黄河流域的一些城市和农村地区，因基础设施不完善、居民环保意识不足，生活污水未经处理或处理不彻底便直接排放，对环境和居民健康构成了威胁。因此，需加强生活污水的处理工作，建设并完善污水处理设施及污水收集系统，提高生活污水的处理率和处理质量。同时，还要加强对居民的宣传教育，提高居民对环保的认识和意识，引导居民养成良好的用水和排污习惯，共同维护良好的生态环境。

在农业生产中，推广农业清洁生产技术是降低土壤污染、保护生态环境的重要举措。我们应积极推广减少农药和化肥使用量的措施，鼓励农民使用有机肥料和生物农药等环保型农业投入品，降低农业对土壤的污染。同时，还应加强对农民的培训和指导，提高农民的环保意识和技能水平，帮助他们掌握科学的种植技术和环保知识，促进农业生产的可持续发展。

（四）推广节水灌溉技术

在农业生产中推广节水灌溉技术是提高农业用水效率和保护土地资源的重要手段。我们需要加大对节水灌溉技术的研发和推广力度，降低农业生产对水资源的需求和消耗。

在黄河流域，特别是那些干旱和半干旱地区，水资源的稀缺性要求我们采取更加高效和可持续的灌溉方式。推广滴灌、喷灌等节水灌溉技术，是应对这一挑战的有效手段。这些技术不仅能大幅度减少水资源的浪费，提高灌溉水的利用效率，还能确保农作物得到充足而均匀的水分供应，从而提高农作物的产量和质量。滴灌技术通过管道系统将水直接输送到作物根部，减少了水分的蒸发和渗漏；而喷灌技术则利用喷头将水均匀喷洒在作物上方，模拟自然降雨，提高了灌溉的均匀性和效率。

除推广节水灌溉技术外，加强灌溉设施的建设和维护同样至关重要。黄河流域许多地区的灌溉设施老化、破损严重，导致灌溉效率低下，水资源浪费严重。因此，我们需要投入更多的资金和人力，建设和完善灌溉设施，提高灌溉水的输送效率和利用效率。同时，还要加大对灌溉设施的维护和管理力度，定期对其进行检查、维修和更新，确保设施的正常运行和长期使用。这不仅有助于减少水资源的浪费，还能提高灌溉系统的稳定性和可靠性，为农业生产提供有力的保障。

随着科技的不断发展，智能灌溉系统已经成为一种新型的灌溉方式，并逐渐在黄河流域得到推广。智能灌溉系统通过引入先进的传感器、控制器和通信技术，实现了对灌溉过程的精准控制和实时监测。这种系统可以根据农作物的生长需求、土壤条件、气候条件等多种因素，自动调节灌溉水的供应量和灌溉时间，从而进一步提高灌溉水的利用效率。同时，智能灌溉系统可以提供详细的灌溉数据和分析报告，能帮助农民了解作物的生长状况和灌溉需求，为农业生产提供更加科学、精准的决策支持。

（五）加大土地执法力度

加大土地执法力度是保障土地资源可持续利用的重要手段。我们需要加大对违法用地行为的打击力度，维护土地市场秩序和保障土地资源的可持续利用。

完善土地法律法规体系是保护和管理黄河流域土地资源的基础。当前，随着经济社会发展和人口增长，土地资源面临着巨大的压力和挑战。为了有效应对这些挑战，必须建立健全土地法律法规体系，明确土地资源的保护和管理要求。通过制定和实施相关法律法规和政策措施，为土地资源的保护和利用提供有力法律保障，确保土地资源的可持续利用。

在黄河流域的一些地区，强化土地执法队伍建设是加强土地资源管理的重要环节。需加强土地执法队伍的建设和管理，以此来提高执法人员的素质和技能水平。具体包括：加强执法人员的培训和教育，提高其法律素养和执法能力；加强执法设备的配备和更新，提高执法效率和准确性。通过这些措施，打造出一支高素质、专业化的土地执法队伍，为土地资源的保护和管理提供有力支撑。

此外，加大对违法用地行为的打击力度也是保护黄河流域土地资源的重要措施。违法用地行为严重破坏了土地资源的合理利用和生态环境。为了有效遏制这一趋势，需加强巡查和检查力度，及时发现和处理违法用地行为。同时，建立举报和投诉机制，鼓励公众参与土地资源的保护和管理，形成全社会共同参与的良好氛围。对于发现的违法用地行为，应依法依规进行严肃处理，并加大公开曝光力度，强化震慑和警示作用。

第六节　黄河流域的水文地质特征

一、黄河流域的水系特征

（一）河流长度较大，横跨多省

黄河全长 5464 千米，发源于青藏高原巴颜喀拉山脉，流行青海、四川、甘肃、宁夏、内蒙古、山西、陕西、河南及山东9个省（自治区），最终注入渤海。作为中国的第二长河（仅次于长江），黄河不仅是中国地理版图上的重要标志，更是中华文明发展的摇篮。其流经地区的自然环境和人文景观各具特色，共同构成了丰富多彩的黄河文化。

（二）流域面积广阔，但相对其他大河略显紧凑

黄河流域面积虽小于长江等大河，但其流域范围依然广阔，涵盖了中国北方大部分地区。黄河流域内，山地、高原、平原、盆地等地貌类型齐全，从而形成了复杂多样的自然景观。与此同时，该流域内气候多样，从干旱半干旱的西北内陆到温暖湿润的华北平原，多样的气候条件孕育了丰富的生物多样性和农业资源。

（三）支流较少，下游缺乏支流汇入

在黄河上游地区，尽管有湟水、洮河、渭河等重要支流汇入，但与长江等大河流域相比，其支流数量仍显不足。这在一定程度上限制了黄河上游的水量补给能力。黄河进入中游后，因黄土高原的强烈侵蚀作用，河水携带大量泥沙，使得河床不断抬高，形成了著名的“地上河”。这一现象在下游尤为显著，导致下游地区几乎无支流汇入，河网密度大大降低。这种特殊的水系结构，不仅加剧了下游地区的洪涝灾害风险，也对黄河的治理和保护提出了更高要求①。

（四）水能资源丰富，上游潜力巨大

黄河上游地区，特别是从源头至兰州段，地势险峻，河流落差大，蕴藏着丰富的水能资源。这一区域的水能资源不但为流域内的水电开发提供了得天独厚的条件，而且是国家能源战略的重要组成部分。近年来，随着技术的进步和人们环保意识的增强，黄河上游的水电开发更加注重生态保护和可持续发展，力求在保障能源供应的同时降低对自然环境的影响。

（五）河道曲直相间，形态多样

黄河的河道特征极为独特：上游地区因地形复杂，河流多曲折蜿蜒；中游

① 王延贵，陈康，陈吟，等．黄河流域产流侵蚀及其分布特性的变异［J］．中国水土保持科学，2018，16（5）：120-128.

地区则相对平直，但因黄土高原的强烈侵蚀，河水携带大量泥沙，形成了“悬河”奇观；下游地区，由于河床抬高，河水被迫在两岸堤防内流淌，形成了“地上河”。这种复杂的河道形态，不仅增加了黄河的防洪难度，也使其在历史上多次成为洪涝灾害的源头。然而，也正是这些独特的河道特征，赋予了黄河以生命力和历史厚重感，让黄河成为中华民族不屈不挠、勇于抗争精神的象征。

二、黄河流域的地质特征

（一）地貌类型

黄河流域地貌类型多样，上游高原与高山广布，如青藏高原，河流流经区域海拔较高，多在3000～5000米；中游主要为山地，还有部分高原，如黄土高原，海拔多位于1000～2000米；下游则以平原为主，如黄河下游冲积平原，这是明显受泥沙淤积影响而形成的冲积平原，海拔多位于100米以下①。

（二）地质构造

黄河流域自源头向入海口跨越多个地质构造带，包括青藏断块、秦岭—祁连山褶皱带以及华北台地等。该流域岩性较为复杂，不同时代的变质岩、碳酸岩、碎屑岩，以及第四纪松散堆积物均有较广泛的分布。

三、黄河流域的地下水特征

从地下水类型来看，黄河流域地下水主要包括松散岩类孔隙水、碎屑岩类裂隙孔隙水、碳酸盐岩类裂隙岩溶水、岩浆岩和变质岩类裂隙水以及多年冻结层水等。这些不同类型的地下水在黄河流域的分布各具特色。其中，松散岩类孔隙水广泛分布于干流和支流的河谷平原、山间盆地和黄土高原地区，为这些区域的农业灌溉和生活用水提供了重要水源。碎屑岩类裂隙孔隙水主要分布在中、上游的中、新生代构造盆地内，对于保障这些区域的工业用水和维持生态平衡具有重要示范意义。碳酸盐岩类裂隙岩溶水主要分布在吕梁山、太行山、

① 王玮，王腊春．中国治水文化［M］．南京：东南大学出版社，2023.

中条山等地区，这些地区的岩溶地貌和地下水系统为当地的旅游业和农业灌溉提供了丰富的水资源。而岩浆岩和变质岩类裂隙水则广泛分布于丘陵山区，它们为这些区域的居民生活用水和生态补水提供了保障。

然而，黄河流域地下水资源的开发利用也面临着诸多环境问题。当前，最为突出的问题之一便是地下水资源超采严重。过度开采地下水，使得地下水位不断下降，形成地下水漏斗区。这不仅影响了地下水的自然补给和恢复，还加剧了地表沉降、地面塌陷等地质灾害的发生。同时，地下水资源的减少致使其综合功能下降，影响了地下水对地表植被、湖泊、湿地或土地质量的良性维持作用。此外，中上游区域水生态环境存在恶化风险，这也是当前需要关注的问题之一。受人类活动的影响，中上游区域的河流、湖泊等水体的水质不断恶化，进而导致地下水的水质也受到影响，进一步加剧了地下水资源的紧张局势。

为保障黄河流域地下水资源的可持续利用和生态安全，需采取一系列措施来加强地下水资源的保护和管理。一方面，要加强地下水资源的调查评价和监测预警工作，及时掌握地下水资源的动态变化情况；另一方面，要制定合理的地下水开采计划和用水方案，严格控制地下水的开采量和开采强度。同时，还要加强地下水污染防治工作，防止地下水受到污染和破坏。通过这些措施的实施，相关部门可以更好地保护和利用黄河流域的地下水资源，为区域经济社会发展和生态环境改善提供有力支撑。

第二章　黄河流域河川径流与特性研究

黄河流域降水主要集中在夏、秋季节，且上游降水较多，下游相对较少。近年来，黄河流域的降水量总体呈先减后增趋势，这种变化与全球气候变化及中国经济快速发展相关。在蒸发皿蒸发量方面，1961~2019 年，黄河流域蒸发量总体呈下降趋势，上游、中游、下游的空间差异明显，这与气温、降水量、植被覆盖率等多种因素相关。黄河径流量历史演变显示，年径流量存在显著的年际和季节性变化，其受大气降水补给影响较大①。黄河中游地区径流量受支流汇入及降水量影响呈现不断增大的趋势，而上游从兰州到河口段径流量却因蒸发和灌溉用水而减少。黄河的天然年径流量仅占全国河川径流量的 2.1%，这使得黄河流域的水资源利用面临诸多挑战。

第一节　黄河流域降水的时空演变规律

黄河流域作为中国的重要流域之一，不仅承载着丰富的历史与文化，还在

① 刘微，邵广文，吕多智，等．黄河中游流域极端降水与气温的关系［J］．水电能源科学，2022，40（4）：5-9.

生态、农业和经济发展等方面扮演着举足轻重的角色。其降水时空演变规律对流域内的自然环境和人类活动有着深远影响。本节旨在详细探讨黄河流域降水时空演变规律的特点、研究方法以及这些规律对流域内外部所产生的影响。

一、黄河流域降水时空演变规律

黄河流域气候复杂多变，总体上呈现半干旱区域的特点。这种气候条件导致降水分布不均匀，时空演变规律呈现一定的复杂性和多样性。黄河流域的降水主要集中在夏、秋季节，尤其是 6~9 月。这一时段的降水量占据了全年降水量的绝大部分。这种季节性降水分布，对农业生产和生态环境有着重要影响。夏季是农作物生长的关键时期，充足的降水有利于作物生长；然而，若降水过多，也可能导致洪涝灾害，对农业生产造成威胁①。

黄河流域的降水区域分布也呈现一定特点。上游地区，如川西高原和南部山地，由于地形复杂、地势高耸，夏季季风带来的湿润气流在这些地区受到抬升作用，进而形成较多的降水。这些地区的降水呈现西南——东北对称分布的特点，降水量相对较大。相比之下，黄河下游地区，如陇海、宁东、宁南平原等，地势相对平坦，气流难以形成抬升作用，因此降水相对较少。这些地区的降水以秋季为主，且降水量远低于上游地区。这种降水区域分布的差异对流域内的水资源分配和生态环境产生了重要影响。②

二、黄河流域降水时空演变规律的研究方法

为深入探究黄河流域降水的时空演变规律，学者们采用了多种先进的研究方法与技术手段。这些方法包括信息熵、完全集成经验模态分解与自适应噪声（Complete Ensemble Empirical Mode Decomposition With Adaptive Noise，CEEMDAN）、Copula 理论等。

---

① 邹磊，余江游，王飞宇，等．渭河流域极端降水时空演变规律及其对大气环流因子的响应［J］．干旱区研究，2021，38（3）：764-774.

② 卢荡，魏伟，王继平，等．重要生态功能区干旱时空演变特征及对关键资源的影响：以黄河流域为例［J］．环境科学，2024（6）：34-41.

（一）信息熵方法

信息熵是一种用于衡量数据复杂性和不确定性的方法。在降水研究领域，信息熵可用于分析降水时间序列的复杂性和稳定性；通过计算不同时间段内的降水信息熵，可以揭示降水时间序列的演变规律和趋势。具体而言，信息熵方法可以对黄河流域的降水数据进行处理和分析，进而计算出不同时间段内的信息熵值。这些值可以反映降水时间序列的复杂性和不确定性程度。通过比较不同时间段的信息熵值，可以揭示降水时间序列的演变规律和趋势，如降水量的增减、降水季节的变化等。

（二）CEEMDAN 方法

CEEMDAN 是一种自适应噪声的集成经验模态分解方法。该方法能够用于分析非线性、非平稳的降水时间序列；通过 CEEMDAN 分解，可以将降水时间序列分解为多个本征模态函数（Intrinsic Mode Function，IMF）和一个残差序列，进而揭示降水时间序列的内在结构和周期性。在黄河流域降水研究中，CEEMDAN 方法可以对降水时间序列进行分解和分析，提取出不同频率的 IMF 分量。这些分量可以反映降水时间序列的不同特征，如季节性变化、周期性波动等。通过比较不同 IMF 分量的幅值和频率，可以揭示降水时间序列的内在结构和周期性规律。

（三）Copula 理论方法

Copula 理论是一种用于描述多变量随机变量之间相关性的方法。在降水研究领域，Copula 理论可用于分析不同时间段、不同区域之间的降水联合分布和相关性；通过构建 Copula 函数，可以揭示降水时间序列之间的空间相关性和时间演变规律。具体而言，Copula 理论方法可以对黄河流域不同区域、不同时间段的降水数据进行处理和分析，进而构建出相应的 Copula 函数。这些函数可以反映不同降水时间序列之间的相关性程度和变化趋势。通过比较不同 Copula 函数的参数和形状特征，可以揭示降水时间序列之间的空间相关性和时间演变规律，如不同区域之间的降水同步性、不同时间段之间的降水变化趋势等。

三、黄河流域降水时空演变规律的研究结果

基于多种科学研究方法，如时间序列分析、空间分布模型构建、信息熵理论、周期性分析技术以及联合分布函数的应用等，学者们对黄河流域降水的时空演变规律展开了全面且深入的研究。这些研究成果不仅揭示了黄河流域降水变化的复杂性和多样性，还为水资源管理、防洪抗旱策略的制定提供了科学依据。以下是对上述研究成果的详细论述：

（一）降水整体下降趋势

在过去的半个世纪里，黄河流域降水整体呈现下降趋势，这一结论是基于长时间序列的降水数据分析得出。全球气候变暖是导致这一趋势的关键因素之一。随着全球温度升高，大气中的水汽含量增加，同时也加剧了地表蒸发，使得实际到达地面的降水量减少。此外，全球变暖还改变了大气环流模式，影响了降水带的分布，进而对黄河流域的降水产生影响。人类活动同样不容忽视。城市化进程中的不透水面积增加，减少了雨水的自然渗透，使得城市热岛效应加剧，进一步影响降水模式。工业化带来的排放物改变了大气成分，可能会通过云物理过程间接影响降水。此外，农业灌溉、水库建设等人类活动也对流域内的水文循环产生了显著影响，从而改变了降水格局。

（二）源区降水缓慢增加

尽管黄河流域整体降水减少，但源区的降水却呈现缓慢增加的趋势。这主要得益于源区复杂的地形条件，如高山、峡谷等地貌特征，它们在一定程度上减缓了气候变化对当地降水的影响。此外，源区作为黄河的生命之源，其水资源保护一直受到高度重视。近年来，政府采取了一系列措施，如实施生态补水、退耕还林还草等。这些措施不仅改善了生态环境，也对源区降水产生了正面影响，促进了降水的微增。

（三）降水时空信息熵减小

近年来，黄河流域的降水特征发生了显著变化，其中最引人注目的是降水时空信息熵的减小趋势。这一现象揭示了降水时空分布的规律性增强，复杂性

有所降低。随着全球及区域气候相对稳定，极端气候事件的频发有所减少，导致降水时间序列的波动性和不确定性显著降低。这种变化为降水预测提供了更为稳定的基础条件，使得预报的准确性有望得到进一步提升。降水时空信息熵的减小，意味着降水在时间和空间上的分布变得更加可预测。在过去的时间里，由于降水分布的复杂性和不确定性，降水预测一直是一项具有挑战性的任务。然而，随着信息熵的减小，降水预测的难度有所降低，这有助于我们更准确地把握降水动态，为农业、水利、交通等领域提供更加精准的决策支持。

（四）降水周期性分析

研究者们还利用 CEEMDAN 分解和谱分析等方法，对黄河流域的降水周期性进行了深入分析。他们发现，黄河流域的降水存在明显的周期性规律，包括短周期和中长周期。短周期（2~4 年）可能与厄尔尼诺—南方涛动（Southern Oscillation，ENSO）等海洋—大气相互作用现象密切相关。这些现象通过影响大气环流和海洋温度，进而对降水产生影响。而中长周期则可能反映了太阳活动、海平面温度等更大尺度自然因素的周期变化。这些自然因素通过复杂的相互作用机制，对黄河流域的降水产生深远影响。这些周期性规律的揭示，为预测和防范洪涝灾害提供了重要线索。通过深入分析这些周期性规律，我们可以更加准确地预测未来的降水趋势，从而提前采取措施，减少洪涝灾害带来的损失。这对于保障黄河流域的生态安全、促进经济社会可持续发展具有重要意义。

（五）降水联合分布分析

通过 Copula 函数分析，研究者们进一步探索了黄河流域不同阶段（如丰水期、枯水期）年降水以及汛期降水的联合分布特征。分析结果显示，丰枯同频的现象较为普遍，且在发生突变（如气候突变或重大环境事件）后，降水的同步概率增加①。这意味着在干旱年份，黄河流域的降水可能会更加集中，导致局部地区的洪涝风险增加；而在湿润年份，降水则可能更加分散，有

① 马晓妮，任宗萍，李占斌，等．黄河流域头道拐—龙门区间极端降水时空分布特征及其对径流的影响［J］．中国水土保持科学（中英文），2024，22（3）：72-81.

利于水资源的有效利用。这一发现对于制定适应气候变化的水资源管理和调度策略至关重要。

黄河流域降水的时空演变规律是多种自然和人为因素相互作用的结果，具有高度的复杂性和不确定性。深入研究这些规律，不仅有助于我们更好地理解气候变化对水资源的影响，也为制定科学合理的水资源管理政策、提高防洪抗旱能力提供了坚实的科学依据。未来，随着监测技术的进步和数据分析能力的提升，对黄河流域降水时空演变规律的研究将更加深入，为可持续发展提供了更加精准的支持[①]。

四、黄河流域降水时空演变规律的影响因素

黄河流域作为中国的重要流域之一，其降水时空演变规律的形成与变化过程十分复杂，受到多种因素的共同影响。以下是对地理环境、全球气候变化和人类活动等主要影响因素的详细分析：

（一）地理环境

黄河流域的地理环境对降水时空演变规律具有深远的影响。流域上游地区地势高耸，地形复杂，气候多变，这些因素共同决定了降水分布的不均匀性。高海拔地区往往伴随着复杂的地形，如山脉、高原和盆地等，这些地形对气流和降水过程产生了显著的影响。例如，山脉的阻挡作用会导致迎风坡降水增多，而背风坡降水减少。此外，上游地区的气候类型多样，从寒温带、温带到亚热带都有分布，不同气候类型下的降水特征也存在显著差异。相比之下，黄河流域下游地区地势平坦，气候相对温和，降水相对较少。这种差异主要是由于下游地区受到平原和海洋性气候的共同影响。平原地区的气流相对平稳，降水过程较为稳定，而海洋性气候则带来了相对湿润的空气和较为均匀的降水分布。然而，由于下游地区人口密集、经济活动频繁，人类活动对降水过程的影响也更为显著。

---

① 姜雨彤，郝增超，冯思芳，等．长江与黄河流域复合高温干旱事件时空演变特征［J］．水资源保护，2023（2）：70-77.

（二）全球气候变化

全球气候变化是黄河流域降水时空演变规律的重要影响因素。随着全球气候变暖，蒸发量增加，降水减少，这一趋势在黄河流域表现得尤为明显。气候变暖导致大气中的水汽含量增加，但由于蒸发作用的增强，实际到达地面的降水量却有所减少。同时，气候变化还改变了区域内降水类型和降水时间的分布，使得降水过程更加复杂和多变。在黄河流域，气候变暖导致的降水减少已对生态、农业和经济发展产生了显著影响。例如，河流径流量的减少导致湿地萎缩、生态系统受损；降水时空分布的不均加剧了水土流失和土地荒漠化等问题。这些变化不仅威胁着黄河流域的生态环境安全，也对农业生产和经济发展构成了严峻挑战。

（三）人类活动

人类活动是黄河流域降水时空演变规律不可忽视的影响因素。城市化、工业化等人类活动改变了地表覆盖和土地利用方式，对降水产生了直接影响。例如，城市热岛效应会导致局部降水增加，而大规模的森林砍伐和土地退化则会减少地表植被的蒸腾作用，进而影响降水过程。人类活动还通过排放污染物等方式改变了大气环境和水体质量，对降水产生了间接影响。工业排放的废气、废水和固体废弃物等污染物会进入大气和水体，改变其原有的气象和水文条件，从而影响降水过程。例如，大气中的颗粒物可以作为云凝结核，从而影响云的微物理过程和降水效率；水体中的污染物则可能改变水面的蒸发速率和降水条件。

五、黄河流域降水时空演变规律产生的影响

黄河流域降水时空演变规律对生态、农业和经济发展产生了深远的影响。以下是对这些影响的详细分析：

（一）对生态的影响

黄河流域降水时空演变规律对生态环境产生了显著影响。降水减少导致河流径流量降低，湿地萎缩，生态系统受损。湿地作为生态系统的重要组成部

分，具备调节气候、净化水质、提供生物栖息地等多种功能。然而，随着降水的减少，湿地面积不断缩小，生态系统功能逐渐退化，生物多样性受到严重威胁。同时，降水时空分布不均也加剧了水土流失和土地荒漠化等问题。黄河流域的土壤侵蚀问题一直较为严重，而降水的不均匀分布则加剧了这一趋势。在降水较少的地区，土壤更容易受到风化和侵蚀的作用；而在降水较多的地区，则可能出现水土流失和山洪灾害等问题。这些生态问题不仅威胁着黄河流域的生态环境安全，也对人类社会的可持续发展构成了严峻挑战。

（二）对农业的影响

黄河流域是中国重要的农业生产区之一，降水时空演变规律对农业生产产生了显著影响。降水减少导致农作物生长受阻，产量下降。农作物生长需要适量的水分和养分，而降水的减少则使得土壤水分含量降低，影响了农作物的正常生长和发育。此外，降水时空分布不均也加剧了农业旱涝灾害的发生频率和程度。在降水较少的年份，干旱灾害频发，导致农作物减产甚至绝收；而在降水较多的年份，则可能出现洪涝灾害，对农业生产造成重大损失。这些农业问题对黄河流域的粮食安全和农业发展构成了严重威胁。为了应对这些挑战，需采取有效的措施来改善降水条件和提高农业生产的抗灾能力。例如，可通过加强农田水利设施建设，来提高灌溉效率和节水能力；同时，也可通过推广耐旱、抗涝的农作物品种和先进的农业技术，来提高农业生产的稳定性和可持续性。

（三）对经济的影响

黄河流域降水时空演变规律对经济发展也产生了显著影响。降水减少和水资源短缺，导致工业生产和居民生活用水紧张。黄河流域是中国的重要工业基地之一，许多行业如能源、化工、制造等都需要大量的水资源来支持生产活动。然而，随着降水的减少和水资源短缺问题的加剧，这些行业的生产活动受到了严重限制。同时，居民生活用水也面临着严峻挑战，特别是在干旱年份，居民生活用水短缺问题尤为突出。降水时空分布不均也加剧了洪涝灾害的发生频率和程度，对交通运输、城市建设和工业生产等造成了严重影响。洪涝灾害不仅会导致交通中断和设施损坏，还会对人们的生命财产安全构成威胁。为了应对这些挑战，需采取有效的措施来加强防洪减灾能力和提高城市建设的抗灾能力。例如，可通过加强防洪设施建设和维护，来提高防洪标准和应对能力；同时，也可以通过加强城市规划和管理，来提高城市建设的科学性和合理性。

黄河流域降水时空演变规律对生态、农业和经济发展产生了深远的影响。为了应对这些挑战，需采取有效的措施来改善降水条件以及提高抗灾能力。具体包括：加强生态环境保护和修复、推广先进的农业技术和节水措施、加强防洪减灾能力建设以及提高城市建设的科学性等。通过这些措施的实施，可以有效地缓解黄河流域降水时空演变规律对生态、农业和经济发展的不利影响，推动黄河流域的可持续发展和经济增长。同时，还要加强科学研究和技术创新，深入探索黄河流域降水时空演变规律的内在机制和影响因素，为制定更加有效的政策措施提供科学依据和技术支持①。

第二节　黄河流域水文站和气象站蒸发皿蒸发量的时空变化与差异分析

一、黄河流域水文站和气象站蒸发皿蒸发量的时空变化

黄河作为中国的第二大河流，其流域的水文循环过程对于整个流域的生态系统和人类社会都至关重要。蒸发作为水文循环的关键环节，对于水资源的管理和评估具有重要意义。蒸发皿蒸发量作为反映蒸发过程的一个重要指标，其时空变化能够揭示流域内蒸发格局及其变化规律。然而，以往研究大多聚焦于气象站的蒸发皿蒸发量数据，忽略了水文站蒸发皿蒸发量的重要参考价值。因此，有必要综合考虑水文站和气象站的蒸发皿蒸发量数据，深入分析其时空变

① 张金萍，张航．黄河流域降水时空演变规律研究［J］．中国农村水利水电，2022（3）：60-68.

化特征及其影响因子。

（一）数据与方法

1. 数据来源

本节旨在全面分析黄河流域蒸发皿蒸发量的时空变化特征及其主控气象因子。基于此，本节精心选取了黄河流域内及其周边地区的51个水文站和55个气象站的数据作为数据来源。这些站点覆盖了黄河流域的主要区域，从上游到下游，从山区到平原，分布广泛且均匀，能够较为准确地反映黄河流域的整体蒸发格局及变化趋势。本节收集了这些站点1975~2018年的蒸发皿蒸发量观测资料。这些资料不仅包括了水文站和气象站的日常观测数据，还涵盖了各个站点在不同季节、不同天气条件下的蒸发皿蒸发量数据。通过对这些数据的整理和分析，我们可以更加深入地了解黄河流域蒸发皿蒸发量的时空变化特征①。

2. 研究方法

为了全面、准确地分析黄河流域蒸发皿蒸发量的时空变化特征及其主控气象因子，本节采用了多种研究方法，包括Mann—Kendall趋势检验、Spearman秩相关方法和经验正交函数法（Emprical Orthogonal Fumtion，EOF）。Mann—Kendall趋势检验是一种非参数统计方法，用于检测时间序列数据中的趋势变化。本节利用Mann—Kendall趋势检验，分析了黄河流域及其8个二级水资源分区水文站和气象站蒸发皿蒸发量的变化趋势。通过计算Mann—Kendall统计量，我们可以判断蒸发皿蒸发量是否存在显著的变化趋势，并确定其变化的方向和速率。Spearman秩相关方法是一种用于衡量两个变量之间单调关系的统计方法。本节利用Spearman秩相关方法分析了影响蒸发皿蒸发量变化的主控气象因子。通过计算蒸发皿蒸发量与各个气象因子（如温度、湿度、风速等）之间的Spearman秩相关系数，我们可以确定哪些气象因子对蒸发皿蒸发量的变化具有显著影响，并进一步探讨其影响机制。EOF法是一种用于分解时空数据的统计方法。本节利用EOF法对黄河流域蒸发皿蒸发量的时空分布进行分

① 赵梓琨，孙文义，穆兴民，等．黄河流域水文站和气象站蒸发皿蒸发量时空变化及其差异［J］．人民黄河，2023，45（6）：24-31.

解，以揭示其空间分布特征和时间变化规律。通过计算 EOF 模态和主成分，我们可以将蒸发皿蒸发量的时空变化分解为若干个独立的时空模式，并对其进行显著性检验。这有助于我们更深入地了解黄河流域蒸发皿蒸发量的时空变化特征及其背后的物理机制。

（二）黄河流域水文站和气象站蒸发皿蒸发量的时空变化特征

1. 水文站与气象站蒸发皿蒸发量的差异

基于黄河流域 51 个水文站及其邻近 55 个气象站的蒸发皿蒸发量数据，本节对水文站和气象站的蒸发皿蒸发量进行了对比分析。研究而言，水文站蒸发皿蒸发量普遍低于相邻的气象站。具体而言，水文站多年平均蒸发皿蒸发量为 866.2 毫米，而气象站则为 1021.0 毫米。这表明，水文站和气象站在蒸发皿蒸发量方面存在显著的差异。这种差异可能是由于水文站和气象站在观测环境、观测方法以及数据处理等方面的不同所导致的。进一步分析发现，水文站蒸发皿蒸发量相较于气象站平均低 15.2%。这一结果不仅揭示了水文站和气象站在蒸发皿蒸发量方面的差异程度，也为本章后续分析黄河流域蒸发皿蒸发量的时空变化特征提供了重要参考依据。

2. 整体变化趋势

通过对黄河流域整体年均蒸发皿蒸发量的分析，本书发现该流域的年均蒸发皿蒸发量呈显著下降趋势。具体而言，水文站和气象站蒸发皿蒸发量的变化率分别为-1.2mm/a 和-1.9mm/a。这表明，1975~2018 年，黄河流域的蒸发量在逐渐减少。这一结果与全球气候变化背景下许多地区蒸发量减少的趋势一致，也反映出黄河流域水循环系统的复杂性和动态性。进一步分析发现，黄河流域蒸发皿蒸发量的下降趋势在不同时间段内可能存在差异。例如，在某些年份或季节内，蒸发皿蒸发量可能会出现短暂的上升或波动。然而，从长期趋势看，黄河流域蒸发皿蒸发量的下降趋势是显著且稳定的。

3. 空间格局

黄河流域蒸发皿蒸发量的空间格局呈现一定特征。研究发现，水文站和气象站蒸发皿蒸发量在空间格局上的变化相对一致。然而，“蒸发悖论”主要出现在流域中下游地区。这里所说的“蒸发悖论”，指的是在全球变暖背景下，一些地区的蒸发量并未如预期般增加，反而出现减少的现象。在黄河流域上游龙羊峡以上区间和龙羊峡至兰州区间，蒸发皿蒸发量主要呈上升趋势。这可能是因为这些地区的气候条件较为干燥，蒸发作用相对较强。同时，随着全球气候变暖，这些地区的温度也可能有所上升，从而促进了蒸发作用的增强。然而，在黄河流域中下游地区，蒸发皿蒸发量主要呈下降趋势。这可能是因为这些地区的气候条件相对湿润，蒸发作用相对较弱。同时，随着城市化进程的加速和人类活动的干扰，这些地区的植被覆盖和水资源状况也可能发生了变化，从而对蒸发作用产生了影响。此外，中下游地区还可能受到其他气象因子的影响，如风速、湿度等，这些因子的变化也可能对蒸发皿蒸发量产生影响。

（三）影响黄河流域水文站和气象站蒸发皿蒸发量时空变化的主控因素

蒸发皿蒸发量的变化是多种环境因素综合作用的结果，其中气温、相对湿度、日照时数和风速是 4 个最为关键的主控因素。这些因素在不同的地理区域和季节条件下，对蒸发皿蒸发量的影响程度和方式也有所不同。

1. 气温和相对湿度

气温是影响蒸发皿蒸发量的最直接因素之一。在黄河流域上游龙羊峡以上区间和龙羊峡至兰州区间，气温的上升是蒸发皿蒸发量上升的主要原因。气温升高会增加水面的分子动能，使得水分子更容易从液态转变为气态，即增加蒸发速率。此外，高温还能降低水体的表面张力，进一步促进蒸发过程。相对湿度则反映了空气中水汽含量的多少。在相对湿度较低的情况下，空气中的水汽含量较少，这有利于水面蒸发的进行。这是由于，当空气中的水汽达到饱和状态时，蒸发就会受到抑制。因此，在龙羊峡以上区间和龙羊峡至兰州区间，相对湿度的下降减少了空气中的水汽含量，为蒸发提供了更有利的条件。

2. 日照时数和风速

在黄河流域的中下游地区，日照时数的减少和风速的下降对蒸发皿蒸发量的影响尤为显著。日照时数的减少意味着太阳辐射能量的减少，而太阳辐射是驱动水面蒸发的主要能量来源之一。因此，当日照时数减少时，水面的蒸发速率会相应降低。风速对蒸发的影响主要体现在空气流动对水面蒸发的促进作用方面。风速越大，空气流动越快，越有利于将水面上的水汽带走，从而加速蒸发过程。然而，在黄河流域的中下游地区，风速的下降减少了空气流动对水面蒸发的促进作用，导致蒸发皿蒸发量下降。

除上述4个主控因素外，还有一些因素也会对蒸发皿蒸发量产生影响，如气压、降水量、土壤湿度等。然而，这些因素通常是在特定条件下才会对蒸发产生显著影响，因此在一般讨论中可以将其视为次要因素①。

二、黄河流域水文站和气象站蒸发皿蒸发量时空变化的差异分析

（一）黄河流域水文站和气象站蒸发皿蒸发量的季节变化特征

蒸发皿蒸发量的季节变化特征是黄河流域水文循环的重要组成部分。了解这些特征有助于我们更好地理解黄河流域的水资源分布和变化规律。

1. 季节差异

黄河流域蒸发皿蒸发量存在明显的季节差异。夏季是蒸发最为旺盛的季节。受气温高、日照强、风速适中等因素的共同作用，黄河流域夏季的蒸发量达到全年最高值。统计数据显示，夏季蒸发量的平均值为661.1毫米，占全年蒸发量的比例较大。相比之下，冬季则是蒸发最为微弱的季节。受气温低、日照弱、风速小等因素的限制，黄河流域冬季的蒸发量远低于夏季。统计数据表明，冬季蒸发量的平均值为156.2毫米，仅为夏季蒸发量的1/4左右。春季和秋季的蒸发量则介于夏季和冬季之间。春季，随着气温的逐渐回升和日照时间的增加，蒸发量开始逐步上升；而秋季，随着气温的逐渐下降和日照时间的减少，蒸发量开始逐步下降。

2. 季节变化趋势

黄河流域各河段在各季节的蒸发皿蒸发量，均呈现显著减少的趋势。这一趋势可能与全球气候变化以及人类活动的影响相关。夏季蒸发量的变化幅度远

① 米吉提·买买吐地．近60年乌鲁瓦提水文站气象要素变化特征及其与蒸发皿蒸发关联分析［J］．地下水，2022（3）：217-219.

大于其他季节，对全年蒸发皿蒸发量的变化趋势起到了主导作用。夏季蒸发量的减少可能与全球变暖导致的极端天气事件增多、云量增加等因素有关。这些因素会减少太阳辐射到达地面的能量，从而降低水面的蒸发速率。春季蒸发量的减少可能与春季降水量的增加和土壤湿度的提高有关。这些因素会减缓水面的蒸发速度，使得春季的蒸发量相对较低。秋季蒸发量的减少则可能与秋季气温的逐渐下降和风速的减小有关。这些因素同样会降低水面的蒸发速率，使得秋季的蒸发量相对较低。冬季蒸发量的减少则不明显，这可能与冬季气温虽然低但相对稳定、风速虽然小但空气湿度较低等因素有关。这些因素在一定程度上抵消了冬季蒸发量减少的趋势。值得注意的是，黄河流域蒸发皿蒸发量的季节变化趋势并非一成不变。随着全球气候变化的持续影响和人类活动的不断加剧，这些趋势可能会发生变化。因此，我们需要持续关注黄河流域的水文循环过程，加强监测和预警工作，以此应对可能出现的水资源危机。

黄河流域蒸发皿蒸发量的变化是多种环境因素综合作用的结果。了解这些主控因素和季节变化特征有助于我们更好地理解黄河流域的水资源分布和变化规律，为水资源的合理开发和利用提供科学依据。同时，我们也需要持续关注全球气候变化和人类活动对黄河流域水文循环过程的影响。

（二）黄河流域水文站和气象站蒸发皿蒸发量的空间分布特征

1. EOF 法分析

经验正交函数（EOF）分解是一种常用的统计方法，用于研究地理变量的时空分布特征。本节采用 EOF 法，对 1961~2019 年黄河流域蒸发皿蒸发量进行时空分解，以揭示其空间分布和时间变化特征。通过对黄河流域蒸发皿蒸发量展开 EOF 分析，本节得到了若干特征向量及其对应的时间系数。这些特征向量代表了蒸发量空间分布的主要模式，而时间系数则反映了这些模式随时间的演变情况。显著性检验结果表明，前 6 个特征向量的累计贡献率高达 82.6%，且均通过了 North 显著性检验。这表明，前 6 个特征向量能够较好地表达黄河流域蒸发皿蒸发量的空间分布特征。

2. 第一特征向量

第一特征向量的贡献率为 41.1%，远高于其他特征向量，说明它代表着黄河流域蒸发皿蒸发量空间分布的主要模式。该特征向量的各分量均为正，表明黄河流域四季蒸发皿蒸发量均呈现整体偏多或偏少的分布特点。具体来说，当第一特征向量的时间系数为正时，整个黄河流域的蒸发量均偏多；当时间系数为负时，整个流域的蒸发量均偏少。第一特征向量的时间系数还呈现线性下降趋势，这表明黄河流域近 59 年来蒸发量呈减少趋势。这种减少趋势可能与全球气候变化、流域内人类活动以及水文循环变化等因素有关。

3. 第二特征向量

第二特征向量的贡献率为 17%，尽管低于第一特征向量，其依然是黄河流域蒸发皿蒸发量空间分布的重要模式之一。该特征向量的各分量存在正负值，这表明黄河流域存在两种分布模式：流域的东部和西部属于负值地区，流域的中部属于正值地区。这种分布模式可能与黄河流域的地形、气候以及水文条件相关。例如，流域的东部和西部可能受到山地和高原的影响，导致蒸发量相对较低；而流域的中部则可能受到平原和丘陵的影响，蒸发量相对较高。此外，第二特征向量的时间系数也呈现一定的波动变化。这表明，这些地区的蒸发量存在较大的波动性和不确定性。

除第一特征向量和第二特征向量外，其他特征向量也反映了黄河流域蒸发皿蒸发量的不同空间分布模式。例如，第三特征向量可能反映了流域内不同气候区之间的差异，第四特征向量可能反映了流域内不同水文条件对蒸发量的影响等。然而，由于这些特征向量的贡献率相对较低，它们对黄河流域蒸发皿蒸发量空间分布的影响较小。

（三）黄河流域水文站和气象站蒸发皿蒸发量差异的气候因子分析

蒸发皿蒸发量受到多种气候因子的影响，包括热力因子、水分因子和动力因子等。这些因子在不同时间和空间尺度上，对蒸发皿蒸发量产生了不同的影响。

1. 热力因子

热力因子是指与热量传递和温度分布有关的因子，包括气温、气温日较差和日照时数等。这些因子对蒸发皿蒸发量产生了显著影响。气温是影响蒸发皿蒸发量的重要因子之一。一般来说，气温越高，蒸发皿蒸发量越大。然而，在黄河流域，蒸发皿蒸发量与气温的变化趋势并非完全一致。这可能由于气温只是影响蒸发的因素之一，其他因素如相对湿度、风速等也会对蒸发量产生影响。此外，气温的变化还可能受到全球气候变化和人类活动的影响，导致其与蒸发皿蒸发量的关系变得复杂。气温日较差是指一天中最高气温与最低气温的差值。在黄河流域，蒸发皿蒸发量与气温日较差的变化趋势具有相似性。气温日较差越大，蒸发皿蒸发量也越大。这是由于气温日较差越大，白天和夜晚的温度差异越大，有利于水汽的蒸发。日照时数是指一天中太阳直接辐射到地面的时间。在黄河流域，蒸发皿蒸发量与日照时数的变化趋势也具有相似性。日照时数越长，蒸发皿蒸发量也越大。这是由于日照时数越长，太阳辐射能量越大，有利于水面的加热和水汽的蒸发。

2. 水分因子

水分因子是指与水分含量和分布有关的因子，包括相对湿度和降水量等，这些因子也对蒸发皿蒸发量产生了显著影响。相对湿度是指空气中水汽压与饱和水汽压的比值。在黄河流域，蒸发皿蒸发量与相对湿度的波动趋势相反。相对湿度越大，蒸发皿蒸发量越小。这是由于相对湿度越大，空气中的水汽含量越高，不利于水汽的进一步蒸发。降水量是指单位时间内降落到地面的水量。在黄河流域，蒸发皿蒸发量与降水量的波动趋势也相反。降水量越大，蒸发皿蒸发量越小。这是由于降水量越大，土壤和地表的含水量越高，水面的蒸发面积越小，蒸发速率越低。降水量还可能对蒸发皿蒸发量产生间接影响。例如，降水量过多可能导致河流、湖泊等水体的水位上升，进而增加水面的蒸发面积和蒸发量。然而，当降水量过大时，可能引发洪水等灾害性天气，进而对蒸发皿蒸发量产生负面影响。

3. 动力因子

动力因子是指与空气流动和风速等有关的因子，这些因子对蒸发皿蒸发量也产生了一定影响。风速是指空气流动的速度。在黄河流域，风速的增加会促进空气流动，有利于水汽的蒸发和扩散。因此，在风速较大的情况下，蒸发皿蒸发量通常较大。然而，需要注意的是，风速对蒸发皿蒸发量的影响还受到其他因素的制约。例如，在相对湿度较高或降水量较大的情况下，即便风速较大，蒸发皿蒸发量也可能受到抑制。风速还可能对蒸发皿蒸发量产生间接影响。例如，风速的变化可能导致气温和相对湿度的变化，进而影响蒸发皿蒸发量的变化。同时，风速还可能影响蒸发皿表面的热量交换和水分蒸发过程，从而对蒸发皿蒸发量产生影响。

综上所述，黄河流域蒸发皿蒸发量的空间分布特征受到多种气候因子的影响。这些因子在不同时间和空间尺度上对蒸发皿蒸发量产生不同的影响，导致蒸发皿蒸发量的变化呈现复杂性和不确定性。因此，在研究黄河流域蒸发皿蒸发量的变化时，研究者需要综合考虑多种因素的影响，以揭示其变化的规律和机制。同时，还需要加强对气候变化和人类活动的监测和研究，以更好地应对未来可能出现的挑战和问题①。

（四）蒸发皿蒸发量差异对黄河流域的影响

蒸发皿蒸发量作为反映地表水分蒸发情况的重要指标，其差异对黄河流域的水资源管理、生态环境保护和农业生产等多个方面产生了深远影响。本节将从以下 3 个方面详细探讨蒸发皿蒸发量差异对黄河流域的具体影响，并提出相应的应对策略。

1. 水资源管理

（1）水资源分布与利用。蒸发皿蒸发量的差异直接影响了黄河流域水资源的分布和利用效率。在蒸发皿蒸发量较高的区域，如黄河上游的干旱和半干旱地区，地表水分蒸发迅速，水资源相对匮乏。这些区域的水资源管理需更加注重节水措施和灌溉管理，以提高水资源的利用效率。通过推广节水灌溉技术、建设节水型农业和工业体系，可以有效减少水资源浪费，保障区域经济的可持续发展。在蒸发皿蒸发量较低的区域，如黄河中下游的湿润和半湿润地区，地表水分蒸发较慢，水资源相对丰富。然而，这些区域也面临着水资源时

---

① 郭浩．近 65 年彰武水文站气象要素变化特征及其与蒸发皿蒸发关联分析［J］．吉林水利，2022（1）：35-38.

空分布不均的问题。因此，在水资源管理方面，需加强水资源的储备和调配能力，以应对干旱等极端天气事件；通过建设水库、蓄水池等水利设施，可以有效调节水资源的时空分布，以保障区域水资源的稳定供应。

（2）水资源规划与调度。蒸发皿蒸发量的差异也为黄河流域的水资源规划和调度提供了重要依据。在制定水资源规划时，需充分考虑不同区域蒸发皿蒸发量的变化规律，合理确定水资源开发利用的规模和布局。通过科学规划，能够实现水资源的优化配置和高效利用，促进区域经济的协调发展。在水资源调度方面，需根据蒸发皿蒸发量的变化情况，适时调整调度方案。在蒸发皿蒸发量较高的季节和区域，需加强水资源的调度和调配，保障农业灌溉和生活用水的需求；在蒸发皿蒸发量较低的季节和区域，则需注重水资源的储备和涵养，以应对可能出现的干旱等极端天气事件。

2. 生态环境保护

（1）植被生长与土壤侵蚀。蒸发皿蒸发量的差异对黄河流域的植被生长和土壤侵蚀有着重要影响。在蒸发皿蒸发量较高的区域，地表水分蒸发迅速，致使土壤干燥，植被生长受限。这些区域极易产生土壤侵蚀和土地沙化现象，进而对生态环境造成破坏。因此，在这些区域需加强植被恢复和土壤保持工作，可通过植树造林、种草等措施，提高土壤抗侵蚀能力，从而改善生态环境。在蒸发皿蒸发量较低的区域，地表水分蒸发较慢，使得土壤湿润，植被生长良好。然而，这些区域同样面临水质污染和生态退化的问题。因此，在这些区域需加强水质保护和生态修复工作，可通过建设污水处理设施、恢复湿地等措施，改善水质状况，维护生态平衡。

（2）气候与水文条件变化。蒸发皿蒸发量的变化反映了气候和水文条件的变化状况。而这些变化可能给黄河流域的生态环境带来深远影响。例如，气候变化可能导致极端天气事件的频发，如干旱、洪涝等，对生态环境造成破坏。水文条件的变化则可能影响河流的水量、水质和生态功能，对水生生物和湿地生态系统产生影响。因此，在生态环境保护方面，相关部门需加强气候和水文条件的监测和研究工作。通过收集和分析蒸发皿蒸发量等气象数据，相关部门可以了解气候和水文条件的变化趋势和规律，为制定科学合理的生态环境保护策略提供了依据。

3. 农业生产

（1）农作物生长与产量。蒸发皿蒸发量的差异对黄河流域的农作物生长和产量有着重要影响。在蒸发皿蒸发量较高的区域和季节，地表水分蒸发迅速，导致土壤干燥，农作物生长受限。在这些区域和季节进行农业生产，需更加注重灌溉管理，可通过增加灌溉次数，加大灌溉量，来保障农作物的正常生长和发育。同时，还需加强农田水利设施建设，提高灌溉效率和水资源利用效率。在蒸发皿蒸发量较低的区域和季节，地表水分蒸发较慢，使得土壤湿润，农作物生长良好。然而，在这些区域和季节，农业生产也面临着水资源浪费和灌溉效率低下的问题。因此，在这些区域和季节进行农业生产时，需注重节水灌溉技术的推广和应用，减少水资源浪费，提高灌溉效率。

（2）农业灌溉策略制定。蒸发皿蒸发量的差异也为黄河流域农业灌溉策略的制定提供了重要依据。在制定灌溉策略时，需充分考虑不同区域和季节蒸发皿蒸发量的变化规律，合理确定灌溉次数、灌溉量和灌溉时间。通过科学灌溉，可以实现水资源的优化配置和高效利用，提高农作物的产量和品质。同时，还需加强农业灌溉技术的研发和推广工作。通过引进和研发先进的灌溉技术和设备，如滴灌、喷灌等，可以进一步提高灌溉效率和水资源利用效率，促进农业生产的可持续发展。

未来，随着气候变化和人类活动对黄河流域的影响日益加剧，蒸发皿蒸发量的变化将更加复杂和难以预测。因此，需要进一步加强蒸发皿蒸发量的观测和研究工作，以提高对黄河流域气候和水文变化的认识和理解。同时，还需要加强跨学科合作和综合研究，以制定更加科学合理的应对策略和措施，保障黄河流域的可持续发展①。

① 赵梓琨，孙文义，穆兴民，等．黄河流域水文站和气象站蒸发皿蒸发量时空变化及其差异[J]．人民黄河，2023（6）：24-31.

第三节　黄河径流量历史演变的规律与成因分析

一、黄河径流量的历史演变规律

黄河，作为中华民族的母亲河，其径流量的变化不仅影响着流域内的生态环境，还直接关系着沿岸人民的生产和生活。自古以来，黄河的径流量就经历了复杂而多变的历史演变。本节将从近代以来的显著变化、20 世纪 90 年代后的急剧减少、黄河径流的年际及年代际演变，以及黄河径流量的时空变化这 4 个方面，对黄河径流量的历史演变展开详细论述。

（一）近代以来的显著变化

近 550 年来，黄河天然径流量呈现一种在随机波动及阶段性变化中整体显著下降的趋势。这种趋势的形成，不仅反映了自然环境的变化，还体现了人类活动对河流的深刻影响。19 世纪前期以前，黄河的天然径流量保持着小幅震荡波动的状态。这一时期的黄河，虽然也经历了多次洪水和干旱的交替，但总体上保持了相对稳定的径流量。然而，19 世纪前期以后，黄河的天然径流量开始出现了较之前明显的大幅度剧烈波动。这种波动不仅体现为径流量的增减幅度加大，还体现为波动频率的加快。在黄河天然径流量的变化过程中，1731 年、1864 年和 1989 年出现了较为显著的跃变点。这些跃变点的出现，标志着黄河径流量进入了新的变化阶段。在突变后的时间段（1865~1989 年和 1990~2018 年），黄河的天然径流量较 1470~1864 年有了明显的下降。这种下降不仅体现在总量的减少上，还体现在径流量在不同季节和年份之间的分配更为不均①。

① 周祖昊，刘佳嘉，严子奇，等．黄河流域天然河川径流量演变归因分析［J］．水科学进展，2022，33（1）：27-37.

（二）20 世纪 90 年代后的急剧减少

20 世纪 90 年代以后，黄河的径流量出现了更为显著的变化。这一时期，黄河下游的降水量并无明显的减弱趋势，然而流域内的升温现象却十分显著。这种升温现象不仅加剧了流域内的蒸发作用，还致使冰川和积雪的融化加速，从而进一步影响了黄河的径流量。与此同时，黄河沿岸的用水量也在急剧上升。从 20 世纪 60 年代开始，用水量增加。这不仅加剧了黄河水资源的紧张程度，还直接导致黄河断流现象的频繁发生。黄河下游利津站的断流天数统计显示，20 世纪 90 年代以后，断流天数急剧增加。其中，1997 年最大断流天数达到了 226 天。近年来，尽管采取了一系列措施来保障黄河的供水安全，但断流天数仍有急剧增加的迹象。此外，断流日期也在不断提前，如地处济南市郊的泺口水文站，在 1996 年 2 月 14 日就开始断流。黄河断流现象的发生，不仅严重影响了沿岸人民的生产和生活，还对流域内的生态环境造成了巨大的破坏。断流引发了河道干涸、水质恶化、湿地消失等一系列生态问题，给流域内的生物多样性造成了严重威胁。

（三）黄河径流的年际及年代际演变

黄河径流呈现 2~4 年的丰枯交替周期变化特征。这种周期变化是黄河径流的一种自然规律，它反映了流域内气候、水文等自然因素的周期性变化。20 世纪 90 年代以前，黄河径流呈微弱的增加趋势，这可能与流域内的降水增加、植被恢复等因素有关。然而，90 年代以后，黄河径流却呈现明显减小的趋势[①]。尽管这一趋势尚未达到历史最低点 1928 年的水平，但已引起人们的广泛关注。通过功率谱分析可知，兰州站和花园口站的径流变化呈现显著的周期性。兰州站最大功率谱所对应的周期为 9 年，而花园口站约 3 年的周期能通过 95%的信度检验。因此，可以认为约 3 年的周期变化是黄河径流的主周期变化。这种周期变化不仅影响了黄河径流量的年际分布，还影响了流域内的生态

① 王建国. 黄河流域气候变化评估报告［M］. 郑州：河南科学技术出版社，2021.

环境和人类社会活动[①]。

（四）黄河径流量的时空变化

黄河沿程相邻站点径流量相关性集中于0.67~0.99，这表明黄河径流量在沿程传播过程中具有较强的连续性和相关性。黄河上中下游区段主要站点的年内径流量分布具有明显的趋势性，且径流量集中出现于7~9月。这一时期的黄河径流量最大，是流域内水资源最为丰富的时期[②]。然而，各站在径流量发生突变后径流量明显减少，且年内分配趋于均匀化和集中化。这意味着黄河径流量的变化不仅体现在总量的减少，还体现在不同季节和年份之间的分配更加不均。各站夏秋季、汛期和年径流量均呈现明显下降趋势，而春冬季和非汛期则呈现不同程度的上升趋势。这种变化可能与流域内的气候变化、人类活动等因素有关。例如，夏季和秋季是流域内降水最为集中的时段，但由于蒸发作用加剧和人类活动的影响，这一时期的径流量却出现了明显的下降。而春季和冬季则由于降水较少、蒸发作用相对较弱等因素，径流量呈现不同程度的上升趋势。除唐乃亥站外，其余沿程水文站年径流量呈显著下降趋势。这种下降趋势不仅体现为总量的减少，还体现为下降幅度沿程递增。其原因可能与流域内的气候变化、植被破坏、人类活动等多种因素有关。此外，1985年和1990年是黄河径流量发生突变的两个关键年份。这两个年份的突变不仅加剧了黄河水资源的紧张程度，还进一步影响了流域内的生态环境和人类社会活动[③]。

黄河径流量的历史演变是一个复杂而多变的过程。它不仅受到自然环境的影响，还受到人类活动的深刻影响。因此，在保护和利用黄河水资源的过程中，我们需要充分考虑这些因素的综合作用，制定科学合理的规划和措施来保障黄河的健康和可持续发展。同时，我们也需要加强科学研究和技术创新，不断提高对黄河水资源的管理和利用水平，为流域内的人民创造更加美好的生活

---

① 王军，高梓勋，单春意．基于TCN-Attention模型的多变量黄河径流量预测［J］．人民黄河，2022（11）：20-25.

②③ 李勃，穆兴民，高鹏，等．1956-2017年黄河干流径流量时空变化新特征［J］．水土保持研究，2019，26（6）：120-126，132.

和生产环境①。

二、黄河径流量历史演变的成因分析

黄河径流量的历史演变不仅反映了自然环境的变迁，也深刻揭示了人类活动对河流生态系统的影响。本节将从自然因素和人类活动因素两大方面，详细探讨了黄河径流量历史演变的成因。

（一）自然因素

1. 降水量及其分布

黄河的水源主要来自流域内的降水。黄河流域大部分地区属于温带大陆性季风气候，这种气候特点决定了其降水量会存在有限性和分布不均匀性。据统计，黄河流域大部分地区的年降水量400~800毫米，这一数值远低于南方大江大河如长江流域的平均降水量（为800~1600毫米）②。降水量的先天不足，直接限制了黄河的水量供给，使得黄河在枯水季节更容易出现断流现象。黄河源区的降水变化也呈现一定的阶段性特征。自20世纪90年代以来，该地区的降水量普遍减少，这与黄河径流的变化趋势相一致。例如，20世纪90年代降水减少最多的玛曲站，其降水量相较于多年平均值减少了11.7%，而同期唐乃亥站的径流量相较于年平均值也减少了18.1%。从降水年内变化情况来看，雨季降水量占年降水量的比例呈下降趋势，而旱季降水量占年降水量的比例则呈上升趋势。这种降水年内分布的不均匀性，进一步加剧了黄河径流量的季节性变化。

2. 蒸发量

黄河流域蒸发量大，这也是影响黄河径流量的重要因素之一。尤其是在黄土高原和下游的华北平原地区，受干旱和高温的气候条件影响，地表水分蒸发迅速。这使得本就不丰沛的降水进一步减少，能够转化为有效径流的水量也就

① 周祖昊，刘佳嘉，严子奇，等．黄河流域天然河川径流量演变归因分析［J］．水科学进展，2022（1）：27-37.

② 黄蕊．黄河流域生态环境保护与全面高质量发展研究［M］．北京：群言出版社，2023.

更加有限。虽然气温升高会导致流域蒸发量的增加和径流量的减少，但并非在所有情况下蒸发量的变化都与气温直接相关。例如，在黄河源区，尽管 20 世纪 90 年代气温有所上升，但对应的蒸发量变化并不显著。这表明在该地区，径流变化，尤其是 90 年代径流量偏小的现象，与气温的直接关联度较低。其原因可能是降水量减少、植被覆盖度变化等共同作用的结果[①]。

3. 地形与支流

黄河的支流数量相对较少，且下游几乎无支流汇入。这一情况使得黄河在流经过程中难以获得新的水源补给，进一步加剧了径流量的短缺程度。尤其是在下游形成“地上河”现象后，河床高于两岸地面，在自然状态下几乎不可能有新的水源汇入。这种情况不仅影响了黄河的径流量，还增加了洪水灾害的风险。此外，黄河流域的地形多样，这也对黄河的径流量产生了一定影响。从青藏高原的雪域到黄土高原的沟壑，再到华北平原的开阔地带，不同的地形差异导致了降水量分布的差异以及径流形成条件的不同。例如，青藏高原的冰雪融水是黄河上游径流的重要补给来源之一。然而，随着全球气候变暖的加剧，青藏高原的冰雪融水量也在逐渐减少，这种变化对黄河上游的径流量产生了不利影响。

（二）人类活动因素

1. 水资源利用

黄河流域承载了大量的人口和经济活动，随着经济社会的发展，流域内对水资源的需求日益增长。上游地区，尤其是青藏高原和黄土高原地区，由于农业灌溉、工业生产和居民生活用水的增加，大量的水资源被消耗。这使得黄河在流经这些地区时，径流量逐渐减少。特别是在黄土高原地区，由于其脆弱的生态环境和严重的水土流失问题，雨水很难渗透土壤以补给地下水。相反，雨水在地表迅速流失，导致地表径流难以形成。这不仅影响了黄河的径流量，还加剧了水土流失和生态环境恶化等问题。

① 荐圣淇，张雪丽，张丽娟，等．基于 CMIP6 气候模式黄河流域未来气象水文要素模拟研究［M］. 郑州：黄河水利出版社，2023.

2. 植被覆盖与土地利用

植被覆盖面积的变化对黄河径流量同样有着一定影响。从理论层面来看，植被覆盖度的提高会增加径流系数（相同降水条件下径流量会增加）。然而，在实际情形中，人类活动引发的植被破坏和土地利用变化常常对径流量产生负面影响。例如，在黄河源区，从20世纪80~90年代的土地覆被状况来看，虽然90年代林地面积有所扩大，但草地面积却显著减少[①]。尤其是高覆盖度草地面积减少幅度较大，而一些荒地和未利用的土地却在急剧增加。这使得植被覆盖度降低，土地覆被状况变差。这种土地覆被变化情况理应导致径流系数减小，即在相同降水条件下，径流量会减少。过度放牧、乱砍滥伐等人类活动也破坏了黄河流域的植被覆盖，加剧了水土流失和生态环境恶化。这不仅影响了黄河的径流量，还对河流生态系统的稳定性和生物多样性构成了威胁。

3. 人工堤坝与河道治理

在黄河中下游地区，因长期河床抬升和地上河现象的出现，洪水灾害频发。为了治理水患，建设并加固人工堤坝成为必要措施。然而，这些人工堤坝的建设也改变了黄河的自然状态，使其更加依赖人工调控。人工堤坝的建设和加固虽然有效地减少了洪水灾害的发生频率和损失程度，但也降低了河水的自我补给能力。这使得黄河在枯水季节更容易出现断流现象，进一步加剧了径流量的稀缺性。河道治理过程中采用的硬化措施，如铺设混凝土护坡等，也破坏了河流生态系统的自然平衡。这些硬化措施减少了河流与土壤之间的水分交换和物质循环过程，降低了河流的自我恢复能力和生物多样性。

黄河径流量的历史演变规律是多种自然因素和人类活动因素共同作用的结果。在自然因素中，降水量及其分布、蒸发量以及地形与支流等都对黄河径流量产生了重要影响。而在人类活动因素中，水资源利用、植被覆盖与土地利用以及人工堤坝与河道治理等也对黄河径流量产生了显著影响。为了应对黄河水量减少的严峻挑战，中国政府已采取了一系列措施来加强水资源的管理和保护。这些措施包括加强水资源管理和调度、推进节水型社会建设、实施黄河流域生态保

① 李志忠，洪增林，汪大明，等. 遥感地学概论［M］. 武汉：中国地质大学出版社，2023.

护和高质量发展战略等。例如，“南水北调”工程的实施旨在缓解北方水资源短缺问题。该工程通过调水线路将长江流域的水资源输送到黄河流域等缺水地区，部分缓解了黄河沿岸城市的用水压力。这一工程的实施不仅提高了水资源的利用效率，还促进了区域间的经济交流和合作。同时，中国政府也加大了对黄土高原水土保持和生态修复的力度。政府通过实施退耕还林还草、水土保持综合治理等措施，减少了水土流失现象的发生，提高了水源涵养能力。这些措施的实施不仅改善了黄河流域的生态环境质量，还为黄河径流量的恢复提供了有利条件。

然而，这些措施的实施需要科学的规划、严格的法律约束、先进的技术应用以及全社会的共同参与。唯有如此，才能让这条古老的河流重新焕发生机，继续滋养中华大地，见证民族的繁荣与复兴。在未来，随着全球气候变化的加剧和人类活动的不断增加，黄河径流量的变化将呈现更加复杂和不确定的趋势。因此，我们需加强对黄河径流量变化的监测和研究工作，及时掌握其变化规律和发展趋势。同时，还需制定更加科学合理的政策措施来加强水资源管理与保护工作，以确保黄河得以可持续发展与利用。此外，还需要加强公众对水资源保护和节约用水方面的意识教育。通过宣传和教育活动，提高公众对水资源重要性的认识和理解，鼓励大家积极参与到水资源保护和节约用水的行动中来。唯有如此，才能共同守护好这条中华民族的母亲河，使其永远流淌在中华大地之上。

黄河径流量的历史演变规律涉及自然因素和人类活动因素的诸多方面，这要求我们应从多个角度对其展开深入分析和研究。只有这样，我们才能更好地理解黄河径流量的变化规律，并采取相应的措施来应对其带来的挑战。同时，我们也需要加强国际交流与合作，共同应对全球气候变化对水资源安全带来的威胁和挑战。让我们携手努力，共同守护好这条古老而伟大的河流——黄河[①]！

---

① 胡庆芳，曹士圯，杨辉斌，等．汉江流域安康站日径流预测的 LSTM 模型初步研究［J］．地理科学进展，2020，39（4）：530-538.

第三章　黄河流域地下水资源变化分析

黄河流域地下水资源的变化呈现出复杂趋势。因此，加强黄河流域地下水资源的监测与管理，实现水资源的可持续利用，已成为当前面临的重要任务。本章首先分析黄河流域内地表水与地下水的转化关系；其次进一步探讨黄河流域地下水的储量变化特征与驱动因素，论述黄河流域城镇化及其对地下水的影响，阐述黄河流域灌溉发展的演变与地下水资源，并探讨黄河流域地下水储量的时空演变与影响因素；最后详细分析黄河流域地下水环境存在的问题，并提出相关建议。

第一节　黄河流域内地表水与地下水的转化关系

一、地表水

（一）地表水的定义

地表水，顾名思义，是指存在于地球表面上的水体。地表水主要包括河流、湖泊、沼泽、水库、池塘以及沿海的浅海水域等。这些水体直接暴露于大气中，与大气圈、岩石圈、生物圈等地球的其他圈层有着密切的水量交换和物质交换。地表水是人类生活、生产用水的重要来源，对于维持生态平衡和人类社会的可持续发展具有重要意义。地表水作为地球上最宝贵的自然资源之一，其水质状况直接关系到生态环境和人类健康①。

从水循环的角度来看，地表水处于水循环的开放系统中，其水量和水质受到降水、蒸发、地表径流、地下渗流等多种自然因素影响。同时，人类活动，如工业排放、农业灌溉、城市化进程等，也会对地表水的数量和质量产生显著影响。因此，加强地表水的保护并实现其合理利用，是水资源管理的重要任务。

地表水的动态变化与气候、地形、地质等多种自然因素密切相关。例如，在湿润地区，地表水可能相对丰富；而在干旱地区，地表水则可能相对稀缺。此外，地表水的季节性变化也较为明显，通常与降水量的季节性分布有关。因此，在研究和利用地表水时，需要充分考虑这些自然因素的影响，以制定科学合理的水资源管理策略。

（二）地表水的特征

1. 分布广泛且形态多样

地表水广泛分布于地球表面的各个角落，如河流、湖泊、沼泽、水库、池塘等，构成了地球上复杂而多样的水系网络。这些水体不仅形态各异，而且大小、深浅、流速等也各不相同，为地球上的生物多样性和生态系统提供了丰富的水源和栖息地。河流通常呈线性分布，水流速度较快，具有较强的侵蚀和搬运能力；湖泊则相对静止，水深较大，可以蓄积大量的水资源，为周边地区提供灌溉和生活用水。

2. 易受气候和人类活动影响

地表水的存在和变化与气候条件密切相关。降雨、降雪等气象现象直接影响地表水的补给和排泄。在干旱地区，地表水可能非常有限，甚至完全消失；而在湿润地区，地表水则可能非常丰富。此外，人类活动也对地表水产生了深

① 马亚文，张俊业．地表水水样采集技术分析［J］．皮革制作与环保科技，2024，5（15）：60-61.

远的影响，农业灌溉、工业用水、城市排放等都会改变地表水的水量和水质，有时甚至导致严重的水污染问题。因此，在对地表水进行保护和管理时，需充分考量气候和人类活动的双重影响。

3. 具有重要的生态和经济价值

地表水不仅是生物生存的基本条件之一，更是人类经济社会发展的重要基础。河流、湖泊等水体为鱼类、水生植物等水生生物提供了适宜的生存环境，维持着生态系统的平衡和稳定。同时，地表水也是农业灌溉、工业用水、生活用水等的主要来源，对于保障粮食生产、促进经济发展、提高人民生活水平具有重要意义。此外，地表水还具有旅游观光、休闲娱乐等价值，为人们提供了丰富的自然景观和旅游资源。因此，加强地表水的保护和合理利用，对于促进经济社会可持续发展、保障人民福祉具有重要意义。

二、地下水

（一）地下水的定义

地下水是指存在于地壳岩石裂缝或土壤空隙中的水。这些水体由于地球引力的作用，在重力场的作用下进行自然循环。它们通常来源于大气降水，如雨水、雪水等。这些降水渗入地表后，经过土壤和岩石的过滤、吸附等物理和化学作用，最终储存在地下含水层中。地下水不仅是自然界水资源的重要组成部分，也是人类生活和生产活动中不可或缺的水资源来源。地下水在全球淡水资源中占29%以上，也是人们日常生活用水的重要来源①。

从水文地质学的角度来看，地下水是指埋藏在地表以下的重力水。它们通常储存在两个隔水层之间，被称为含水层。这些含水层的水量、水质和流动状态受到多种因素的影响，如地质构造、岩性、气候条件、植被覆盖和人类活动等。地下水在自然界中具有动态平衡的特点，它们在地表水与地下水之间、含水层与含水层之间，以及含水层与地表水体之间不断地进行交换和更新。

① 曾海彬．地下水水质分析及土壤地下水污染治理措施［J］．皮革制作与环保科技，2022，3（16）：140-142.

在生态环境和人类社会发展的语境中，地下水被赋予了更加丰富的内涵。它不仅是维持生态系统平衡的关键因素，如为湿地、河流、湖泊等提供水源补给，还是农业灌溉、工业生产、城市供水和生活用水的主要来源之一。然而，随着人类活动的不断增加，地下水面临着过度开采、水质污染和生态退化等严重问题。因此，合理开发、有效保护和科学管理地下水，已经成为全球水资源管理和环境保护的重要课题。

（二）地下水的特征

1. 赋存状态的特殊性

地下水主要赋存于地壳岩石裂缝或孔隙中，其赋存状态与地表水截然不同。它不似江河湖泊中的水那般自由流动，而是受到地层结构、岩石性质和地质构造等多种因素的制约。这种特殊的赋存状态使得地下水的形成、运动和分布具有复杂性和隐蔽性。同时，由于地下水被岩石和土壤包围，其温度、压力和化学成分等也会受到周围介质的影响，从而呈现出独特的水文地球化学特征。

2. 动态变化的缓慢性

地下水的动态变化通常比较缓慢，与地表水相比，其更新周期更长。这主要是由于地下水的补给主要来源于大气降水、地表水入渗和地下水侧向径流等，而这些过程往往受到地形、地貌、气候和地质等多种因素的制约。因此，地下水位、水质和水量等的变化往往需经历较长的时间才会显现。这种缓慢的动态特性使得地下水资源在管理和环境保护等方面具备特殊的重要意义。

3. 资源的可再生性和脆弱性

地下水是一种可再生资源，但其再生速度受到多种因素的制约。在合理的开采条件下，地下水可以得到有效的补给和恢复，从而保持其资源的可持续性。然而，一旦开采过度或受到污染等人为因素的干扰，地下水的可再生性就会遭到破坏，甚至会导致水资源的枯竭和生态环境的恶化。因此，保护和合理利用地下水资源，是维护生态平衡和人类福祉的重要保障。同时，我们也应该认识到地下水资源的脆弱性，加大对其的保护和管理力度。

三、黄河流域内地表水与地下水的具体转化关系分析

（一）河道完全“切割”地下水含水层时的转化关系

在黄河流域的一些地区，如黄河上游共和盆地以及深大峡谷等区域，河道底部完全穿过地下水含水层，并下嵌至不含水的致密隔水层。在这种情况下，河道两侧的地下水相对独立的，互不影响。根据河道水位和地下水位的相对关系，地表水与地下水之间的转化关系可以细分为 3 种情形：一是地表水转化为两侧地下水：二是一侧地下水转化为地表水，而另一侧地表水补给地下水；三是两侧地下水共同补给地表水。这种转化关系在黄河上游地区尤为明显，对当地的水资源管理和生态保护有着重要意义。

（二）河道未完全“切割”地下水含水层时的转化关系

在黄河流域的另一些地区，如黄河兰州部分河段、龙门至潼关河段、渭河中下游河段以及山间盆地区域，河道底部并未完全穿过地下水含水层，与下层不含水的致密隔水层存在一定距离。在这种情况下，地表水与地下水之间的转化关系更为复杂。具体而言，当河道水位高于两侧地下水位时，地表水会转化为地下水；当河道水位高于一侧地下水位而低于另一侧地下水位时，一侧的地下水会转化为地表水，同时地表水也会向另一侧的地下水转化；当两侧地下水位均高于河道水位时，地下水则会转化为地表水。这种转化关系受到自然和人为因素的共同影响，如降水、开采地下水等都会改变现有地表水与地下水的转换关系。

（三）河道与地下水含水层“脱节”时的转化关系

在黄河下游地区，泥沙淤积导致河床增高，使得河道底部高于地下水含水层，形成了河道与地下水含水层“脱节”的状况。在这种情况下，地表水只能单向转化为地下水，无法从地下水获得补给。这种转化关系对黄河下游地区的水资源管理和防洪工作提出了更高要求。为了保障下游地区的用水需求和安全，相关部门需要采取一系列措施来加强地表水和地下水的联合调度和管理。

（四）多种因素共同影响下的转化关系

除上述 3 种情况外，黄河流域内地表水与地下水的转化关系还受到多种因

素的共同影响。地质构造、地形地貌、气象水文以及人类活动等因素在不同地区表现出明显的差异性，导致流域内地表水与地下水的关系在各段差别较大。例如，在黄土高原地区，由于地形破碎、植被覆盖差、水土流失严重等因素的影响，地表水与地下水之间的转化关系更加复杂多变。因此，在制定水资源管理策略时，需要充分考虑这些因素的影响，以实现水资源的合理配置和高效利用。同时，还需要加强地表水和地下水的监测和评估工作，及时掌握水资源的变化情况，为科学决策提供依据。

第二节　黄河流域地下水储量变化的特征与驱动因素分析

一、黄河流域地下水储量变化的特征

（一）整体呈下降趋势且具有空间异质性

近年来，黄河流域地下水储量整体呈现出显著的下降趋势。从上游至下游地区，地下水储量的降幅逐渐增大，这反映了不同区域地下水资源的开发利用程度和自然条件的差异。特别是在中游和下游地区，由于人类活动频繁和自然条件较为恶劣，地下水储量的下降速度更为迅猛。同时，这种下降趋势也表现出明显的空间异质性，即不同地区的地下水储量变化存在差异。

（二）植被覆盖度增大对中游地区地下水储量有显著影响

在黄河流域中游地区，植被覆盖度的增大是地下水储量下降的主要影响因素之一。自 1999 年开始实施的大规模退耕还林（草）生态建设工程，显著提高了该地区的植被覆盖度。然而，植被覆盖的提升致使冠层蒸腾作用增强，蒸散发量增多，进而使得河川径流量大幅减少。植被在恢复过程中大量消耗了地表水资源，导致地下水储量难以得到有效补给。因此，在推进植被恢复工作的

同时，需充分考量其对地下水储量的影响，并采取相应措施来保障地下水资源的可持续利用。

（三）自然和人为因素共同作用下的复杂变化

除上述因素外，黄河流域地下水储量的变化还受到自然和人为因素共同作用的影响。自然因素主要包括降水量、蒸散发量等气象条件的变化，以及地质构造；人为因素则包括地下水开采量的增加、水资源管理政策的调整等。这些因素在不同时间和空间尺度上相互作用，共同决定了黄河流域地下水储量的变化趋势。因此，在制定水资源管理策略时，需综合考虑自然和人为因素对其的影响，以实现地下水资源的合理配置和高效利用。同时，还需加强地下水资源的监测和评估工作，以及时掌握地下水储量的变化情况，为科学决策提供依据。

二、黄河流域地下水储量变化的驱动因素

（一）气候变化导致降水格局改变

全球气候变化引发的各种气象灾害，如高温热浪、风暴、干旱、洪水等极端天气，正在严重威胁着全人类的生命健康[①]。气候变化是黄河流域地下水储量变化的重要驱动因素之一。近年来，全球气候变暖导致降水格局发生改变，黄河流域的降水量和降水分布均出现波动。部分地区降水量减少，导致地表水源补给不足，进而影响地下水的补给。同时，降水季节和年际间的变化也加剧了地下水储量的不稳定性。干旱年份的增多使得地下水开采量增加，以满足生活和农业灌溉需求，从而加速了地下水储量的下降。此外，气候变暖还导致蒸发量增加，进一步减少了地下水的补给量。

（二）农业灌溉需求增加与不合理开采

黄河流域是中国重要的农业生产基地，农业灌溉需求巨大。随着人口增长和农业生产规模的扩大，农业灌溉对地下水的需求量持续增加。然而，一些地区在灌溉过程中存在不合理开采地下水的情况，如过度抽取地下水、缺乏节水

① 何苗．全球气候变化与人群健康［J］．生态经济，2024，40（1）：1-4.

灌溉技术等，导致地下水储量迅速下降。此外，农业灌溉还可能导致土壤盐碱化、地下水水质恶化等问题，进一步威胁地下水资源的可持续利用。

（三）城市化进程加速与水资源管理滞后

随着城市化进程的加速，黄河流域的城市规模和人口数量不断增加，城市用水需求也随之增加。然而，水资源管理政策的调整和水资源分配机制的滞后，致使其未能及时应对这一变化。部分城市在发展过程中，缺乏科学的水资源规划和管理，导致地下水开采量过度，甚至出现了地下水超采区。同时，城市化过程中产生的大量污水和废弃物也可能对地下水水质造成污染，进一步加剧了地下水储量的下降。

（四）地质构造与水文地质条件差异

黄河流域地质构造复杂，水文地质条件差异显著。不同地区的地下水赋存条件、补给方式和排泄途径各不相同，导致地下水储量的变化也呈现出明显的地域性差异。例如，在黄土高原地区，由于土层疏松、易于渗透，地下水储量相对较丰富；而在一些河谷地带或平原地区，由于地下水开采量大且补给不足，地下水储量下降较快。这种地质构造与水文地质条件的差异为地下水储量的管理和保护带来了挑战。

第三节　黄河流域城镇化及其对地下水的影响探索

一、黄河流域城镇化

（一）黄河流域城镇化的进程与特点

1. 黄河流域城镇化的进程

（1）城镇化初期的农业转移与人口聚集。城镇化，与城市化的英文表述相同，即“Urbanization”，是指一个国家或地区的人口由农村向城市转移、农村地区逐步演变为城市地区、城市人口不断增长的过程[①]。在城镇化初期，黄河流域的城镇化进程主要表现为农业人口的转移和人口的聚集。随着农业生产率的提高和工业的发展，大批农业人口开始向城市转移，城镇人口比重逐渐上升。虽然这一时期的城镇化进程相对缓慢，但为后来的城市发展奠定了基础。在黄河流域的一些重要城市，如郑州、洛阳等，开始形成了一定规模的城镇人口聚集区。这些城市依托其地理优势和资源优势，逐渐发展成为黄河流域的经济、文化和政治中心。

（2）中期城镇化加速与工业发展。进入城镇化中期，黄河流域的城镇化进程明显加速。在这一时期，工业基础显著增强，经济实力较为雄厚，农业劳动生产率大大提高。工业的发展促进了大批农业人口向城市转移，城镇人口比重迅速上升。同时，随着城市基础设施的完善和城市功能的提升，城市开始吸引更多外来人口聚集。在这一阶段，黄河流域的部分城市开始形成较为完善的城市体系和产业体系，城市间的联系和合作也日益加强。

（3）后期城镇化进入成熟期与人口稳定。随着城镇化进程的进一步推进，黄河流域的城镇化逐渐进入成熟期。在这一时期，城镇化水平比较高，农村人口的相对数量和绝对数量均持续下降。为了维持一定的农业规模，农村人口的转移趋于停止，最终稳定在较低水平。后期的城市化策略不再追求从农村人口向城镇人口转变，而是将发展的重心转向劳动力从第二产业向第三产业转移。在这一阶段，黄河流域的城市逐渐成熟化并处于稳定阶段，现代化城市已基本形成。城市间的联系和合作更加紧密，城市群和都市圈的概念开始兴起。

（4）政策推动与城镇化高质量发展。近年来，随着国家对黄河流域生态保护和高质量发展的重视，黄河流域的城镇化进程也迎来了新的发展机遇。国家出台了一系列政策，推动了黄河流域的城镇化高质量发展。这些政策包括加强城市基础设施建设、优化城市空间布局、提升城市功能品质、推动城乡融合发展等。在这些政策的推动下，黄河流域的城镇化进程进一步加快，城市间的联系和合作更加紧密，城市群和都市圈的发展也取得了显著成效。同时，黄河

---

① 罗新远．当代社会经济学［M］．西安：西北大学出版社，2022.

流域的城镇化也开始注重生态保护和可持续发展，致力于实现经济效益、社会效益和生态效益的协调发展。

（5）未来城镇化发展趋势与挑战。展望未来，黄河流域的城镇化进程仍将继续推进。随着人口的增长和经济的发展，城市对人口和资源的吸引力将进一步增强。然而，黄河流域的城镇化也面临着一些挑战和问题。例如，水资源短缺、生态环境脆弱、城乡发展不平衡等。为了解决这些问题，相关部门需要采取一系列措施，包括加强水资源管理和保护、推动生态文明建设、优化城乡发展布局等。同时，还需要加强政策引导和支持，推动黄河流域的城镇化进程向更高质量、更可持续的方向发展。

2. 黄河流域城镇化的特点

（1）城镇化水平空间分布不均。黄河流域城镇化水平呈现出东中部沿河区县向西部内陆快速递减的分布特征。具体而言，下游城镇化水平整体较高，如山东济南、泰安、淄博以及河南郑州、济源、焦作、新乡、安阳等地区，城镇化发展相对成熟，形成了多个具有影响力的城市群。中游城镇化水平空间差异较下游更为明显，且高等级区县沿河流集中分布态势明显，如汾河和渭河支流沿线城市。而上游城镇化发展整体处于较低水平，如甘肃和青海等地，城镇化进程相对滞后。这种空间分布不均的特点，反映了黄河流域内部经济、社会和地理条件的差异性。

（2）城镇化发展受自然条件制约显著。黄河流域的自然条件对城镇化发展具有显著影响。一方面，地形地貌、气候条件和水资源分布等自然因素，限制了城镇化发展的速度和规模。例如，在干旱缺水地区，城镇化发展受到水资源的严重制约。另一方面，自然灾害如洪水、干旱等也对城镇化进程造成冲击，增加了城镇建设和管理的难度。因此，黄河流域的城镇化发展需要在尊重自然规律的基础上，进行科学规划和合理布局。

（3）城镇化进程中的产业结构转型升级。随着黄河流域城镇化的不断推进，产业结构也在逐步转型升级。传统农业向现代农业转变，工业由低端向高端升级，服务业不断壮大。特别是在一些城镇化水平较高的地区，如山东、河南等地，已经形成了较为完善的产业体系，推动了经济的高质量发展。同时，城镇化进程也促进了人口的集聚和流动，为产业结构的转型升级提供了人力资源和市场支撑。

（4）城镇化质量稳步提升但存在差异。创新发展是城镇化的驱动力，城镇化是创新发展的基础[①]。近年来，黄河流域城镇化质量逐年提升，城镇化建设的重点逐渐由数量型向质量型转变。这体现在城镇基础设施不断完善、公共服务水平不断提高、生态环境不断改善等方面。然而，不同地区的城镇化质量存在差异。一些地区在城镇化进程中注重生态环境保护和社会和谐建设，城镇化质量较高；而一些地区则存在环境污染等问题，城镇化质量有待提升。因此，黄河流域的城镇化发展需要在注重速度的同时，更加注重质量和效益的提升。

（二）黄河流域城镇化的挑战与对策

1. 黄河流域城镇化面临的挑战

（1）生态环境脆弱与资源压力。黄河流域生态环境相对脆弱，水资源短缺且分布不均，同时面临水土流失、土地荒漠化等严峻问题。这些生态环境问题不仅制约了流域内的农业生产，也对城镇化进程产生了不利影响。随着城镇化的推进，人口和产业向城市集中，对水资源和土地资源的需求大幅增加，进一步加剧了资源压力。此外，城镇化过程中的工业排放和生活污水排放，也对流域内的水质和生态环境造成了严重污染，威胁着人们的健康和生活质量。因此，如何在城镇化进程中保护好生态环境，并实现可持续发展，是黄河流域面临的重要挑战之一。

（2）城乡发展不平衡与区域差异。黄河流域的城乡发展不平衡问题较为突出。一方面，大城市和特大城市的发展速度较快，但中小城市和农村地区的发展相对滞后，导致城乡之间的差距逐渐扩大。另一方面，流域内不同区域之间的发展水平也存在显著差异，如上游、中游和下游地区在经济发展、产业结构、基础设施等方面存在较大差异。这种城乡发展不平衡和区域差异不仅影响

① 任保平，巩羽浩．黄河流域城镇化与高质量发展的耦合研究［J］．经济问题，2022（3）：1-12.

了流域内的整体发展水平，更制约了城镇化进程的推进。因此，如何缩小城乡差距，促进区域协调发展，是黄河流域城镇化面临的另一个重要挑战。

（3）产业结构单一与转型升级困难。黄河流域的产业结构相对单一，以传统农业和重工业为主，缺乏新兴产业和高技术产业的支撑。这种产业结构不仅限制了流域内的经济发展潜力和创新能力，也导致了资源消耗大、环境污染重等问题。随着城镇化进程的推进，产业结构转型升级成为必然选择。然而，由于技术、资金、人才等方面的限制，黄河流域的产业结构转型升级面临较大困难。因此，如何加快产业结构转型升级，培育新兴产业和高技术产业，提高流域内的经济竞争力和可持续发展能力，是黄河流域城镇化面临的又一重要挑战。

（4）基础设施滞后与公共服务不均等。黄河流域的基础设施建设相对滞后，交通、水利、电力等基础设施网络尚不完善，制约了城镇化进程的推进和区域经济的协调发展。此外，公共服务设施也存在不均等的问题。教育、医疗、文化等公共服务资源在城乡之间以及区域之间分布不均，影响了人民群众的生活质量和幸福感。因此，如何加强基础设施建设，提高公共服务水平，实现城乡基础设施和公共服务均等化，是黄河流域城镇化面临的最后一个重要挑战。

2. 黄河流域城镇化的提升对策

（1）强化区域协同与规划引领。黄河流域的城镇化发展需强化区域协同，建立跨区域的合作机制，以此共同推进城镇化进程。通过制定科学的城镇化发展规划，可明确各区域的功能定位和发展方向，进而实现资源的高效配置和优势互补。同时，要加强规划的实施和监督，确保城镇化发展的有序性和可持续性；在规划过程中，要充分考虑黄河流域的生态环境和资源承载能力，避免过度开发和资源浪费。

（2）优化产业结构与促进就业。黄河流域的城镇化发展需要依靠产业作为支撑，通过优化产业结构，推动产业升级和转型，来提高城镇的经济实力和竞争力。应重点发展现代农业、高新技术产业、现代服务业等，形成多元化的产业体系。同时，还要积极促进就业，提高城镇居民的收入水平和生活质量；通过加强职业教育和技能培训，提高劳动力的素质和技能水平，满足产业发展的需求。

（3）加强基础设施建设与公共服务。基础设施建设是城镇化发展的重要支撑。相关部门需加大基础设施建设的投入，完善交通、水利、能源、通信等基础设施网络，以此提高城镇的承载能力和服务水平。同时，还要加强公共服务体系建设，提高教育、医疗、文化等公共服务水平，满足城镇居民的基本需求；通过优化公共服务资源配置，缩小城乡差距，促进城乡一体化发展。

（4）注重生态环境保护与绿色发展。黄河流域的城镇化发展必须注重生态环境保护，坚持绿色发展理念。在城镇化进程中，要严格控制污染排放，加强环境治理和生态保护，推动形成绿色低碳的生产生活方式；通过发展循环经济、推广清洁能源、加强水资源管理等措施，降低城镇化对生态环境的影响。同时，还要加强生态修复与治理工作，提高生态系统的稳定性和自我恢复能力。

（5）推动城乡融合发展与创新驱动。黄河流域的城镇化发展需要推动城乡融合，打破城乡二元结构，促进城乡要素的自由流动和优化配置。可通过加强城乡基础设施和公共服务设施的互联互通，来推动城乡产业协同发展，实现城乡经济的良性互动。同时，还要注重创新驱动，加强科技创新和人才培养，提高城镇的创新能力和竞争力；通过推动产业升级和转型，培育新的经济增长点，为城镇化发展提供持续的动力。

二、黄河流域城镇化对地下水的影响

（一）地下水位显著下降

黄河流域在促进经济发展和保护生态环境方面发挥着重要作用[①]。在黄河流域城镇化过程中，随着城市规模持续扩大、人口密度不断增加，社会对水资源的需求急剧上升。这导致了地下水资源过度开采，从而引发地下水位显著下

① 赵珂．黄河流域城镇化与生态环境耦合协调性研究［J］．现代信息科技，2022，6（4）：149-152.

降的现象。特别是在黄河流域的下游地区，城镇化进程加剧了这一现象。地下水位的下降不仅影响了当地居民的生活用水和工业用水，还影响了农业灌溉，进而威胁到粮食安全和生态环境的稳定。同时，地下水位的下降还可能导致地面沉降、地质灾害等问题的出现，对城镇化的可持续发展构成潜在威胁。

（二）地下水水质恶化

在城镇化过程中，工业和生活污水的排放对地下水水质产生了严重影响。一些企业为了降低成本，将未经处理或处理不达标的废水直接排放到环境中。这些废水通过渗透作用进入地下水系统，导致地下水水质恶化。此外，随着城镇化进程的推进，城市垃圾的产生量也在不断增加，垃圾填埋场的渗滤液也可能造成地下水污染。地下水质的恶化不仅威胁到人们的饮用水安全，还可能对农业生产和生态环境造成长期影响。

（三）地下水资源的重新分配

在城镇化过程中，随着城市人口的增加和经济的发展，社会对水资源的需求发生了显著变化，这引发了对地下水资源的重新分配。一方面，城镇化区域对地下水资源的开采量大幅增加，使得原本就紧张的水资源更加匮乏；另一方面，一些地区由于城镇化进程相对滞后，地下水资源的开采量相对较少，从而造成了水资源在时间和空间上的不均衡分布。这种不均衡分布不仅加剧了水资源短缺的问题，还可能引发地区间的水资源争端。

（四）地下水循环系统的改变

在城镇化过程中，大量建筑物的建设和道路的铺设改变了地表的水文条件，进而影响了地下水循环系统的正常运行。建筑物的密集分布和道路的硬化减少了地表的透水面积，使得降水更多地以径流形式排入河流或湖泊，而不是通过渗透作用补给地下水。这种改变不仅减少了地下水的补给量，还可能影响地下水的水质和动态平衡。此外，城镇化进程还可能对地下水循环系统造成其他形式的干扰，如水利工程的建设、地下水开采方式的改变等。

（五）地下水保护政策的挑战与机遇

黄河流域城镇化对地下水的影响，也带来了地下水保护政策的挑战与机遇。一方面，城镇化进程中地下水资源过度开采、水质恶化等问题，致使地下水保护政策面临巨大压力；另一方面，城镇化也为地下水保护提供了新的机遇。例如，通过加强城市规划和管理，可以减少对地下水资源的过度开采；通过推广节水技术和提高水资源利用效率，可以降低对地下水资源的依赖；通过加强环境监管和执法力度，可以遏制地下水污染问题的恶化。因此，黄河流域城镇化对地下水的影响，既带来了挑战，也提供了改进和完善地下水保护政策的契机。

第四节　黄河流域灌溉发展的演变与地下水资源

一、黄河流域灌溉发展的演变

（一）古代灌溉的起源与初步发展

自古以来，黄河流域都是我国境内重要的水源供给源头，给流域范围内的农田、树木和沙植都带来了足够的水源①。早在5000年前，黄河流域的古代文明就开始探索和实践灌溉技术。据史书记载，大禹和伯益时期，人们已经开始利用河渠、井水灌溉农田和园圃。到春秋战国时期，随着生产力的进步和铁制生产工具的大量应用，灌溉工程开始得到迅速发展，如郑国渠、都江堰等。这些灌溉工程的建设，不仅提高了农田的灌溉效率，也为后来的农业文明奠定了基础。在夏商周三代，农田水利初步发展。大禹治水后，人们按照土壤肥力和灌溉条件区分农田赋税标准，井田制下出现了原始的沟洫工程。西周时期，沟洫工程进一步发展，逐步形成了有灌有排的初级农田灌排系统。

（二）古代至近代灌溉技术的演变

从古代到近代，黄河流域的灌溉技术经历了多次演变。秦汉时期，灌溉工

---

① 付国庆．黄河流域灌溉农业节水技术［J］．河北农机，2022（15）：148-150.

程得到了进一步发展，如白渠、漕渠、龙首渠等著名水利工程的开凿，为农业生产提供了强大的水资源支持。然而，两晋南北朝时期，由于战乱频仍，北方人口大量南迁，导致灌溉工程的建设受到了一定程度的影响。但在江南地区，由于水源丰富，农业得到迅速发展，水利工程数量逐渐增加。隋唐时期，灌溉管理制度得到进一步完善，同时兴建、整修了大量的灌溉工程，为农业生产提供了有力保障。

（三）中华人民共和国成立后灌溉事业迅猛发展

中华人民共和国成立后，黄河流域的灌溉事业迎来了前所未有的发展机遇。在国家的大力支持和推动下，引黄灌溉工程如雨后春笋般涌现，灌溉面积迅速扩大，年引水量也随之不断增加。这一时期的灌溉发展，不仅显著提高了农田的灌溉效率，使得农作物产量大幅提升，为黄河流域的农业生产注入了强劲动力；还为该区域的经济发展作出了重要贡献，带动了农业产业链的延伸和农产品加工业的兴起，促进了农村经济的繁荣和农民收入的增加。可以说，这一时期是黄河流域灌溉事业发展的黄金时期，为黄河流域乃至全国的粮食安全和经济发展奠定了坚实的基础。然而，随着灌溉面积的持续扩大和用水量的不断增加，黄河流域的水资源供需矛盾也日益凸显。由于黄河水资源的有限性，加上气候变化和人类活动的影响，黄河的缺水断流现象日益严重，给农业生产和生态环境带来了极大的压力。特别是在一些干旱年份，黄河的来水量减少，无法满足灌溉需求，导致农田灌溉困难，农作物减产甚至绝收。同时，过度开采地下水也引发了地下水位下降、水质恶化等一系列问题，进一步加剧了水资源供需的矛盾。因此，如何在保障农业生产的同时，合理开发和利用水资源，实现水资源的可持续利用，成为黄河流域灌溉事业发展面临的重要课题。

（四）灌溉方式与技术的现代化转型

步入现代社会，黄河流域的灌溉方式和技术开始转型。传统的地面渠灌方式逐渐为更加高效的节水灌溉方式所取代，如管道输水、喷灌、滴灌等。这些节水灌溉方式不仅提高了灌溉效率，还减少了水资源的浪费。同时，随着科技的进步和农业现代化的推进，黄河流域的灌溉技术也在不断创新和完善。例如，水肥一体化技术的推广和应用，实现了水肥同步供给，提高了农作物的产量和品质。

二、黄河流域灌溉地下水资源

（一）黄河流域灌溉地下水资源的重要性

1. 保障农业生产的稳定与发展

黄河流域是我国重要的农业生产区域，地下水资源在农业灌溉中发挥着至关重要的作用。地下水灌溉具有稳定、可靠、水质优良等特点，能够保障农田灌溉的需求，提高农作物的产量和质量。特别是在干旱和半干旱地区，地下水资源是农业灌溉的主要水源，对于维持农业生产的稳定和发展具有重要意义。通过合理利用地下水资源进行灌溉，可以满足农作物的生长需求，促进农业生产的可持续发展。

2. 调节地表水资源不足的问题

黄河流域地表水资源分布不均，部分地区地表水资源短缺，难以满足农业灌溉的需求。而地下水资源则具有相对稳定的补给来源和储存条件，可以在地表水资源不足时提供有效的补充。通过开采和利用地下水资源进行灌溉，可以缓解地表水资源短缺的问题，保障农业生产的正常进行。同时，地下水灌溉还可以减少地表水的过度开采和浪费，维护地表水资源的可持续利用。

3. 促进农业节水技术的推广与应用

黄河流域地下水资源虽然丰富，但也面临着过度开采和污染等威胁。因此，在灌溉过程中，合理利用地下水资源，推广和应用农业节水技术就显得尤为重要。通过采用节水灌溉技术，如滴灌、喷灌等，可以减少灌溉过程中的水资源浪费，提高灌溉效率。同时，还可以结合土壤墒情监测和精准灌溉等技术手段，实现灌溉用水的精细化管理，进一步促进农业节水技术的推广与应用。

4. 维护生态平衡与可持续发展

黄河流域地下水资源在灌溉中的合理利用，不仅有助于保障农业生产的稳定与发展，还有助于维护生态平衡和可持续发展。通过合理利用地下水资源进行灌溉，可以减少对地表水的过度开采和污染，维护水资源的可持续利用。同时，地下水灌溉还可以促进土壤肥力的保持和恢复，提高农田的生态功能。此外，通过加强地下水资源的保护和管理，还可以防止地下水污染和过度开采等问题的发生，维护黄河流域的生态平衡和可持续发展。

（二）黄河流域灌溉地下水资源的复杂性

1. 地质与水文条件的多样性导致的复杂性

黄河流域的地质构造和水文条件极为复杂，从西部的青藏高原到东部的华北平原，地形地貌、地层结构和水文地质条件差异显著。这种多样性使得地下水资源的分布、赋存条件、补给方式和运动规律各不相同。例如，在青藏高原和黄土高原地区，地下水主要赋存于基岩裂隙和孔隙中；而在华北平原，地下水则主要为第四纪松散层孔隙水。此外，黄河流域还存在多种类型的水文地质单元，如岩溶水系统、断裂带导水系统、古河道和湖沼沉积层等，这些单元对地下水资源的形成、运移和富集具有重要影响。因此，在黄河流域灌溉地下水资源的开发和利用过程中，必须充分考虑地质与水文条件的复杂性，采取针对性的措施进行保护和合理开发。

2. 灌溉需求与水资源供需矛盾的复杂性

黄河流域灌溉事业伴随新中国的发展几经波折，其中最主要的是引黄工程、节水农业、泥沙治理和管理体制的改革发展①。黄河流域是我国重要的农业生产基地，灌溉需求量大，但水资源供需矛盾突出。随着人口增长和经济发展，农业灌溉用水需求持续增长，而地下水资源却面临过度开采和污染的双重压力。一方面，为满足灌溉需求，部分农民常常过度开采地下水，导致了地下水位下降、水质恶化等问题；另一方面，农业面源污染以及化肥、农药的过量使用，也对地下水造成了严重污染。这种灌溉需求与水资源供需矛盾的复杂性，使得灌溉地下水资源的保护和合理利用成为一个亟待解决的问题。为缓解这一矛盾，需要采取综合措施，如推广节水灌溉技术、加强水资源管理和保

---

① 袁磊，韩双宝，李甫成，等．黄河流域灌溉发展演变及对地下水资源的影响［J］．人民黄河，2022，44（4）：80-84.

护、提高农业用水效率等。

3. 生态环境与地下水资源的相互影响的复杂性

黄河流域的生态环境与地下水资源之间存在密切的相互作用关系。一方面，地下水资源的过度开采和污染会对生态环境造成严重影响，如湿地萎缩、河流断流、植被退化等；另一方面，生态环境的恶化也会反过来影响地下水资源的补给和更新能力。例如，植被的减少会导致土壤保水能力下降，进而影响地下水的补给；河流断流和湿地萎缩则会减少地下水的侧向补给，以及地表水与地下水的交换。这种生态环境与地下水资源相互影响的复杂性，使得在灌溉地下水资源的开发和利用过程中，需要充分考虑其对生态环境的影响，并采取相应的保护措施。

4. 政策与管理层面的复杂性

黄河流域灌溉地下水资源在政策与管理层面存在一定的复杂性。由于黄河流域涉及多个省份和地区，不同地区之间的经济发展水平、水资源禀赋和灌溉需求等存在差异，导致在政策制定和执行过程方面存在一定难度。同时，地下水资源的保护和合理利用需要跨部门、跨地区的协调合作。为了有效管理和保护黄河流域灌溉地下水资源，需采取建立健全的政策法规体系、加强跨部门和跨地区的协调合作、提高公众参与度等措施。同时，还需加强对地下水资源的监测与评估工作，及时掌握地下水资源的变化情况，从而为政策制定提供科学依据。

（三）黄河流域灌溉地下水资源面临的挑战

1. 地下水资源超采严重，综合功能下降

黄河流域地下水开发历史悠久。受大气环流和季风环流影响，流域降水分布不均，这使得该区域水资源相对匮乏。然而，随着经济的快速发展和人口的不断增长，水资源需求量不断增大，供需矛盾日益突出。在这种情况下，部分地区不得不过度开采地下水，以满足灌溉需求。长期的过度开采不仅削弱了地下水的补给和恢复能力，还致使地下水位持续下降，形成降落漏斗，甚至引发地面沉降等地质灾害。同时，地下水资源的超采还使得地下水的综合功能下降，对生态环境造成不利影响。

2. 地下水污染问题突出，水质安全难以保障

黄河流域地下水污染问题严重，主要污染源包括生活污水、工业废水、农业面源污染等。其中，农业面源污染具有面广、量大、程度深的特点，是造成地下水污染的重要因素。长期的引黄灌溉和施肥致使农业面源污染以硝酸盐为主要污染物，化肥的过量施用及低效率利用造成地下水中硝酸盐含量增加。此外，黄河流域地下水环境背景问题也较为突出，地下水中的部分物质，如砷、氟、碘、盐分等存在超标现象，对县级及以下规模较小的水源地、农村分散式水源水质的安全构成严重威胁。这些因素相互交织，导致黄河流域地下水水质安全难以得到保障，给灌溉用水的安全和可靠性带来挑战。

3. 水资源分布不均衡，灌溉用水难以保障

黄河流域上中下游自然条件差距显著，水资源分布极不均衡。上游水资源相对丰富，然而中游和下游地区水资源相对匮乏。特别是在干旱和半干旱地区，水资源短缺问题更为突出。这种不均衡的水资源分布导致部分地区灌溉用水难以得到保障，尤其是在农作物生长的关键时期，如春灌和夏灌期间，灌溉用水短缺会严重影响农作物的生长和产量。因此，如何合理调配水资源，确保灌溉用水的充足供应，成为黄河流域面临的重要挑战之一。

4. 地下水资源管理难度大，缺乏有效的监管机制

黄河流域地下水资源管理难度大，缺乏有效的监管机制。一方面，由于地下水资源的隐蔽性和复杂性，这使得对其开采和利用的监管难度较大。另一方面，部分地区对地下水资源的保护意识不强，存在过度开采和污染等问题。此外，缺乏有效的法律法规和政策措施来规范和约束地下水资源的开采及利用行为。这些因素共同导致黄河流域地下水资源管理难度增大，难以实现对地下水资源的有效保护和合理利用。

（四）黄河流域灌溉地下水资源的合理利用与保护

1. 科学规划与严格管理

相关部门应基于黄河流域的地质、水文及生态环境特点，科学地规划地下

水资源的开采布局和开采量。通过建立完善的地下水动态监测网络，实时掌握地下水资源的数量、质量和动态变化情况，为科学决策提供数据支持。同时，应制定严格的地下水开采管理制度，明确开采权限、开采方式和开采量限制，对超采行为进行严厉打击，确保地下水资源的可持续利用。此外，还应加强对地下水资源的审批和监管，防止无序开采和过度开发。

2. 推广节水灌溉技术

黄河流域农业灌溉用水量大，节水灌溉技术的推广对于合理利用和保护地下水资源具有重要意义。应大力推广滴灌、喷灌、微灌等高效节水灌溉技术，提高灌溉水的利用效率，减少灌溉用水量。同时，还应加强灌溉设施的维护和更新，确保灌溉系统的正常运行和节水效果。通过节水灌溉技术的推广，可以有效降低农业灌溉对地下水资源的依赖，减轻地下水资源的压力。

3. 加强水质保护与污染治理

地下水水质保护是合理利用和保护地下水资源的重要环节。应加大对黄河流域工业、农业和生活污染的治理力度，减少污染物排放，防止地下水受到污染。同时，还应建立地下水污染预警和应急响应机制，及时发现和处理地下水污染事件，防止污染扩散。针对已经受到污染的地下水，应采取有效的治理措施进行修复和治理，恢复地下水的生态功能。

4. 推动农业产业结构调整和绿色发展

农业产业结构调整是合理利用和保护地下水资源的重要途径。应推动黄河流域由传统的高耗水、高污染农业向节水、环保的现代农业转变。通过发展生态农业、有机农业等绿色农业模式，减少化肥、农药的使用量，降低农业面源污染对地下水资源的威胁。同时，还应加强农业废弃物的资源化利用和无害化处理，提高农业废弃物的综合利用率，减少其对地下水资源的污染。通过农业产业结构的调整和绿色发展模式的推广，可以实现农业发展与地下水资源保护的良性循环。

第五节　黄河流域地下水储量的时空演变与影响因素

一、黄河流域地下水储量的时空演变

（一）历史演变中的地下水储量动态变化

地下水是水资源的重要组成部分，是人类生存、社会发展和生态系统健康稳定不可或缺的重要资源。① 从历史的角度来看，黄河流域地下水储量的变化经历了多个阶段。在古代，由于人口稀少、农业活动有限，地下水资源的开采量相对较小，地下水储量相对丰富。然而，随着人口的增长和农业生产的扩大，特别是近代以来工业化和城市化进程的加速，地下水资源的开采量逐渐增加，导致地下水储量呈现下降趋势。这种下降趋势在不同地区表现出不同的速度和程度，这是受到地质构造、气候条件、人类活动等多种因素影响的结果。

（二）空间分布上的不均衡性

黄河流域地下水储量的空间分布呈现明显的不均衡性。上游地区由于降水量较大、植被覆盖较好，地下水补给相对充足，因此地下水储量相对丰富。中游地区则受到黄土高原等地质条件的影响，地下水赋存条件较差，且受到农业灌溉等人类活动的影响，地下水储量下降较快。下游地区则由于城市化进程加速、工业用水需求增加等因素，地下水开采量大幅增加，导致地下水储量严重下降。这种空间分布上的不均衡性，使得黄河流域地下水资源的保护和合理利用面临更大的挑战。

（三）季节性变化与年际波动的叠加效应

黄河流域地下水储量的变化还受到季节性变化和年际波动叠加效应的影

---

① 王希栋，孙文义，穆兴民，等．黄河流域地下水储量变化特征及其驱动因素［J］．人民黄河，2023，45（8）：96-100.

响。在季节性变化方面，降水量的季节性分布不均导致地下水补给量的季节性变化，进而影响地下水储量的稳定性。在年际波动方面，降水量、气温等气象条件的年际变化也会对地下水储量产生影响。例如，干旱年份的降水量减少会导致地下水补给不足，进而加速地下水储量的下降。这种季节性变化与年际波动的叠加效应，使得黄河流域地下水储量的预测和管理变得更加复杂。

二、黄河流域地下水储量时空演变的影响因素

（一）植被覆盖与生态修复

植被覆盖度的变化对黄河流域地下水储量的时空演变有着显著影响。尤其是在中游地区，自大规模退耕还林（草）工程被实施以来，植被覆盖度得到了显著提升。然而，在植被恢复过程中，冠层蒸腾致使蒸散发量增多，河川径流量大幅减少。植被恢复大量消耗了地表水资源，导致地下水储量难以得到有效补给。因此，植被覆盖度的增加虽然有助于改善生态环境，但也可能对地下水储量造成负面影响。

（二）地下水开采与利用

人类活动对黄河流域地下水储量的时空演变同样有着重要影响。随着经济社会的发展，黄河流域的用水需求不断增加，地下水开采量也随之增加。尤其是在下游地区，农田和城市密集，大量抽取地下水用于农田灌溉和城市供水，导致地下水耗水量增加，这进一步加剧了地下水储量的下降。此外，不合理的地下水开采方式还可能引发地下水漏斗、地面沉降等生态环境问题。

（三）土地利用类型的变化

土地利用类型的变化也是影响黄河流域地下水储量时空演变的重要因素之一。随着城市化进程的加速和农业结构的调整，黄河流域的土地利用类型发生了显著变化。例如，农田面积的增加可能导致地下水开采量的增加，而城市不透水层面积的增加则可能减少地下水的补给量。这些变化都可能对地下水储量的时空演变产生影响。

第六节　黄河流域地下水环境存在的问题与建议

一、黄河流域地下水环境存在的问题

（一）地下水资源超采严重，综合功能下降

地下水往往与人类自身的生产生活有着极为密切的关联，一旦受到污染，就会对人们的身体健康造成严重威胁①。黄河流域地下水资源的超采问题不仅导致水位持续下降和漏斗区范围扩大，还进一步加剧了水资源的供需矛盾。在干旱和半干旱地区，地下水是主要甚至唯一的水源，过度开采使得这些地区的水资源短缺问题变得更加严重。此外，地下水资源的超采还破坏了地下水的自然循环和补给机制，导致地下水的更新速度减缓，水质恶化。这不仅影响了地下水的供水功能，还对其生态维持功能造成了严重影响，如湿地萎缩、植被退化等。这些问题不仅威胁到人类的生存和发展，更对整个生态系统的平衡和稳定构成了威胁。

（二）地下水型饮用水水源地水质安全存在隐患

黄河流域地下水型饮用水水源地的水质安全问题，不仅涉及居民饮用水安全，还关系到整个社会的健康稳定。由于地下水污染源的多样性和复杂性，水质安全问题往往难以在短时间内得到有效解决。一些地区由于历史遗留问题，地下水污染问题长期存在且难以根治。此外，随着城市化进程和人口迁移的加速，一些原本水质较好的地下水水源地也面临着被污染的风险。这些问题不仅增加了地下水水源的治理难度和成本，也严重影响了居民的健康和生活质量。

（三）农业面源污染对地下水环境造成威胁

黄河流域农业面源污染对地下水环境的威胁主要体现在两个方面：一是化

---

① 赵丹．地下水环境保护对策研究分析［J］．西部探矿工程，2024，36（5）：74-76.

肥和农药的过量施用导致地下水中有害物质含量超标，二是灌溉产生的地下农田退水对地下水造成了污染。这些污染物不仅影响着地下水的水质，还可能通过食物链传递给人类，对人类健康造成潜在威胁。此外，农业面源污染还破坏了土壤结构和生态平衡，降低了土地的肥力和生产力。这些问题不仅影响了农业生产的可持续发展，也对地下水环境的保护和治理提出了更高要求。

（四）重工业集中分布影响地下水资源循环条件及水环境安全

黄河流域重工业的集中分布，对地下水资源循环条件以及水环境安全的影响主要体现在两个方面：一是工业活动产生的废水、废渣等污染物对地下水造成污染，二是工业活动改变了地下水的水文地质条件。这些污染物不仅影响了地下水的水质和水量，还可能通过地下水系统传播到更广泛的区域，对整个地下水环境造成污染。同时，工业活动对地下水水文地质条件的改变也可能导致地下水资源的枯竭和生态平衡的破坏。这些问题不仅威胁到人类的生存和发展，更对整个生态系统的平衡和稳定构成了严重威胁。

二、黄河流域地下水环境的优化建议

（一）加强地下水动态监测与评估体系建设

为实现对黄河流域地下水环境的全面监控，需构建一个覆盖广泛、技术先进的地下水动态监测网络。这包括在关键区域设置地下水位观测井，安装水质监测设备，以及利用遥感、GIS 等现代信息技术手段进行空间分析和数据整合。同时，应定期发布地下水环境状况报告，对地下水位变化、水质状况、开采量等关键指标进行深度分析和评估。此外，还应建立地下水环境预警系统，对潜在的地下水污染、超采等风险进行早期预警，为决策提供科学依据。通过加强科研合作，引入国内外先进的监测技术和评估方法，不断提升监测与评估的准确性和时效性。

（二）实施严格的地下水开采总量控制和限采制度

针对黄河流域地下水资源的过度开采问题，必须实施更为严格的总量控制和限采制度。首先，依据区域水资源状况和生态需求，科学设定地下水开采量上限，以确保开采活动不超过自然补给能力。其次，建立地下水开采许可制度，对开采活动进行严格的审批和监管，并对违法开采行为进行严厉打击，维护地下水资源的公共属性，保障其可持续利用。同时，推动建立地下水开采权交易市场，通过市场机制调节开采行为，鼓励节水和水资源高效利用。此外，还应加强对农业灌溉、工业用水等重点行业的节水管理，推广节水技术和设备，减少地下水资源的浪费。

（三）加强地下水污染防控与治理

地下水污染是威胁黄河流域地下水环境安全的重要因素。因此，应构建完善的地下水污染防治体系，这包括加强污染源监管、实施污染源头控制、开展地下水污染风险评估和修复治理等工作。具体而言，应加强对工业废水、生活污水、农业面源污染等污染源头的治理，严格控制污染物排放。同时，建立地下水污染风险评估和预警机制，对潜在污染风险进行早期识别、早干预。对于已经受到污染的地下水，应开展科学有效的修复治理工作，这包括物理、化学、生物等多种修复技术的综合应用。此外，还应加强地下水污染修复技术的研发和推广，提高修复效率和成本效益。

（四）推动地下水保护与合理利用的科技创新

科技创新是推动地下水保护与合理利用的关键。因此，应加大对地下水领域科研工作的投入力度，鼓励和支持科研机构、高校和企业开展相关技术研发和成果转化。这包括地下水监测、评估、治理和修复技术的创新，以及节水技术和设备的研发。通过引入先进的监测技术和评估方法，提高地下水环境监测和评估的准确性和时效性。同时，应推动节水技术和设备的研发与应用，提高水资源利用效率。此外，还应加强国际合作与交流，引进国外先进的地下水保护和管理经验和技术，推动黄河流域地下水保护与合理利用的国际化进程。

（五）加强公众教育和提升意识

公众是地下水保护与合理利用的重要参与者。因此，应加强对公众的地下水知识普及和宣传教育工作，提高公众对地下水资源的认识和了解。通过举办讲座、展览、科普活动等形式多样的宣传教育活动，引导公众树立节水意识和环保意识。同时，加强对公众的培训和指导，提高公众在地下水环境监测、评估、治理和修复等方面的参与能力和水平。此外，还应鼓励公众参与地下水环境保护的志愿服务活动，形成全社会共同关注、共同参与地下水环境保护的良好氛围。通过加强公众教育、提升公众意识，推动黄河流域地下水环境的持续改善和保护。

第四章　黄河流域水资源的配置与优化管理

黄河被誉为中华民族的母亲河，其水资源的合理配置与优化管理，对保障区域经济社会的可持续发展具有重要意义。本章将深入探讨黄河流域水资源的现状与挑战，重点分析农业水资源的高效利用与优化、水资源供需的新态势与对策、水资源效率的测度、水资源的配置与优化，以及水资源的节约集约利用能力评价等方面内容。通过综合研究，本章旨在为黄河流域水资源的可持续利用提供科学依据和决策支持，推动黄河流域经济社会的高质量发展。

第一节　黄河流域农业水资源高效利用与优化

一、黄河流域农业水资源现状

黄河流域位于中国北部，这一地理条件致使黄河流域的水资源相对匮乏。农业作为该区域的主要用水部门，实现水资源的高效利用与优化显得尤为重要。黄河流域的农业水资源分布不均，上游地区水资源相对丰富，然而中下游地区，尤其是华北平原，水资源短缺问题尤为突出。同时，随着人口增长和经济发展，农业水资源需求不断增加，使得水资源供需矛盾日益加剧。

二、黄河流域农业水资源利用面临的挑战与优化措施

（一）黄河流域农业用水的挑战与应对

黄河流域水资源总量有限，却承载着巨大的农业用水需求。这一矛盾在近年来越发突出，成为制约流域内农业可持续发展的关键因素。尤其是在干旱年份，农业灌溉用水受到严重限制，导致农田无法得到充分的灌溉，农作物生长受阻，甚至出现减产或绝收的情况。这不仅对农民的收入造成直接影响，也对国家粮食安全和农业稳定构成了威胁①。

农业用水需求的持续增长与水资源总量的有限性之间的矛盾，是导致黄河流域水资源短缺的主要原因。随着人口的增长和经济的发展，黄河流域农业用水需求不断增加。然而，黄河水资源总量并未随之增加，反而受到气候变化和人类活动等多重因素影响，呈现减少的趋势。这种供需失衡的状况，使得水资源短缺问题越发严重。此外，农业灌溉方式的落后也是加剧水资源短缺问题的重要原因。传统的灌溉方式往往缺乏科学性和高效性，造成水资源大量浪费。例如，部分地区仍然采用大水漫灌的方式进行灌溉，不仅浪费水资源，还容易对土壤造成盐碱化等负面影响。这种低效率的灌溉方式，使得有限的水资源无法得到充分利用，进一步加剧了水资源短缺问题。

面对水资源短缺的挑战，黄河流域在农业水资源管理方面必须采取一系列有效措施。首先，要加强水资源管理政策的制定和执行。通过明确水资源管理权责关系，建立健全水资源管理制度，以保障水资源的合理开发和有效利用。同时，还要加强对农业用水的监管和执法力度，防止水资源被无序开发和滥用。其次，要推广节水灌溉技术，提高农业水资源利用效率。通过引进和研发先进的节水灌溉设备和技术，如滴灌、喷灌等，减少灌溉过程中的水资源浪费。同时，要加强对农民节水意识的宣传和教育，提高其节水灌溉的积极性和

---

① 李俊红，张洁，田文仲，等．黄河流域农业水资源高效利用途径与对策［J］．农业与技术，2022，42（7）：105-107.

自觉性。此外，还可以考虑实施农业用水定额管理制度，根据不同地区的自然条件和农作物生长需求，制定合理的农业用水定额，确保农业用水的科学性和合理性。

除上述措施外，黄河流域在农业水资源管理方面还需加强国际合作与交流。随着全球化进程推进和气候变化影响日益加深，黄河流域的水资源管理问题已突破国界和地域的限制。因此，有必要加强与国际社会的合作与交流，借鉴国际先进经验和技术成果，共同应对水资源短缺等全球性挑战。通过参与国际水资源管理项目、举办国际学术会议等方式，加强与国际同行的交流与合作，共同推动黄河流域水资源管理的进步和发展。

（二）提升黄河流域农业水资源利用效率的挑战与应对

黄河流域农业水资源利用效率低下的问题，是当前制约流域内农业可持续发展的重要瓶颈之一。由于灌溉方式落后、水资源管理不善等多种因素影响，大量水资源在灌溉过程中被浪费。这不仅加剧了水资源短缺的问题，也增加了农业生产成本。因此，提升黄河流域农业水资源利用效率已成为当务之急。

灌溉方式的落后是导致水资源利用效率低下的主要原因之一。传统的灌溉方式往往缺乏科学性和高效性，从而造成水资源的大量浪费。为了提升水资源利用效率，必须改变这种落后的灌溉方式，推广节水灌溉技术。这些技术可以根据农作物的生长需求和土壤的水分状况，精确地控制灌溉量和灌溉时间，从而实现水资源的精准利用。

除灌溉方式的改进外，加强水资源管理也是提升水资源利用效率的重要途径。通过建立完善的水资源管理制度和监管机制，可以确保水资源的合理开发和有效利用。例如，可以实施农业用水定额管理制度，根据不同地区的自然条件和农作物生长需求，制定合理的农业用水定额。同时，要加强对农业用水的监管和执法力度，防止水资源被无序开发和滥用。此外，还可以建立水资源交易市场，通过市场机制来调节水资源的分配和利用，从而提高水资源的利用效率。

提升农业水资源利用效率，还需加强科技创新和人才培养。通过加强科研机构、高校和企业之间的合作与交流，推动节水灌溉技术、水资源管理技术等领域的研发和应用。同时，要加大对节水技术的宣传和培训力度，提高农民的节水意识和技能水平。通过培养一批具有高素质、高水平的水资源管理专业人才和技术人才，为提升水资源利用效率提供有力的人才保障。此外，还需要加强生态环境保护和修复。农业用水的大量占用致使生态用水空间受限，使得黄河流域的生态环境面临巨大压力。因此，在提升水资源利用效率的同时，还必须注重生态环境的保护和修复。通过实施水土保持、生态补水等措施，改善流域内的生态环境质量，为农业水资源的可持续利用提供有力的生态保障。

（三）黄河流域农业水资源管理的挑战与应对

黄河流域农业水资源管理面临着生态环境压力和气候变化影响的双重挑战。一方面，农业用水的大量占用，致使生态用水空间受限，使得流域内的生态环境面临巨大压力。由于农业用水需求持续增长，而水资源总量有限，导致生态用水被大量挤占。这不仅致使河流断流、湿地萎缩等生态问题日益突出，还对生物多样性造成了严重影响。为缓解这一压力，必须加强对农业用水的监管和管理，确保农业用水的科学性和合理性。同时，要加大对生态环境保护和修复的投入力度，通过实施水土保持、生态补水等措施，改善流域内的生态环境质量。

另一方面，全球气候变化对黄河流域的水资源产生了深远影响，使得农业水资源的管理变得更加复杂和困难①。降水模式的变化、极端天气事件的频发以及水资源的时空分布不均等问题，给农业水资源的管理带来了巨大挑战。为应对这些挑战，必须加强对气候变化的监测和预警机制建设，及时掌握气候变化对水资源的影响情况。同时，要加强对农业水资源管理政策的调整和优化，以适应气候变化带来的新情况和新问题。例如，可以根据气候变化的趋势和特点，制订合理的农业用水定额和灌溉计划；通过推广节水灌溉技术和加强水资源管理等措施，提高农业水资源的利用效率；加强与国际社会的合作与交流，共同应对气候变化对水资源管理带来的挑战。

---

① 孙久文，高宇杰．黄河流域水资源供需平衡的动态仿真与模拟［J］．系统工程，2023，41（2）：1-14.

第二节　黄河流域水资源供需的新态势与对策

一、黄河流域水资源供需的新态势

（一）水资源总量减少：气候变化与人类活动的双重影响

近年来，黄河流域的水资源总量呈现明显的下降趋势，这一变化主要归因于气候变化和人类活动的双重影响。在气候变化方面，全球变暖导致极端天气事件频发，如干旱、洪涝等，对黄河流域的水资源产生了深远影响。降水模式的改变尤为突出：一方面，降水总量有所减少，使得河流的补给水源减少；另一方面，降水季节和地域分布的不均衡性加剧，导致水资源在时间和空间上的分配更加不均。此外，气温上升导致的蒸发量增加，也进一步减少了可利用的水资源量。河流断流现象频发，不仅影响了河流生态系统的健康，还加剧了流域内水资源的稀缺性。

在人类活动方面，随着城市化进程的加速和工业化的发展，黄河流域的水资源面临着前所未有的压力。大规模的土地开发、水资源过度开发以及不合理的用水方式，都导致了水资源的严重消耗和污染。例如，在农业灌溉中大量使用地下水，导致地下水位下降，进而对河流补给产生影响；工业废水未经处理直接排放，不仅污染了水资源，也减少了可用水资源的总量。此外，城市化进程中的人口集中和基础设施建设，也增加了人们对水资源的需求，进一步加剧了水资源的供需矛盾。

水资源总量的减少，使得黄河流域的可持续发展面临严峻挑战。一方面，水资源的稀缺性限制了农业、工业和生活用水的供给，影响了流域内经济的稳定增长和社会的和谐稳定；另一方面，水资源的减少也加剧了生态环境的恶化，如湿地萎缩、生物多样性下降等，对流域内的生态系统造成了不可逆转的损害。因此，加强水资源管理，提高水资源利用效率，保护水资源免受污染，成为黄河流域可持续发展的当务之急。

（二）用水需求持续增长：人口增长与经济发展的双重驱动

随着人口增长和经济发展，黄河流域的用水需求持续增加，这一趋势加剧了水资源供需矛盾。在人口增长方面，黄河流域作为中华民族的发源地之一，人口密集，且随着城市化进程的加速，人口数量仍在不断增加。人口的增长致使对水资源需求的增大，包括生活用水、农业灌溉用水以及工业用水等方面。尤其是在干旱年份，人口增长给水资源带来的需求压力更为显著，使得水资源供需矛盾越发突出。

在经济发展方面，黄河流域的农业、工业和服务业均呈快速发展态势，这些产业的发展都需要大量的水资源作为支撑。就农业而言，随着农业技术的进步和农业生产规模的扩大，农业灌溉用水需求不断增加；从工业来看，随着工业化与城市化的推进，工业用水需求也在持续增长，尤其是高耗水行业如化工、电力等的发展，对水资源的需求更加迫切；在服务业领域，随着人们生活水平的提高和消费结构的升级，服务业对水资源的需求也在不断增加，如餐饮、洗浴等行业的水资源消耗较大。

用水需求的持续增长，给黄河流域的水资源管理带来了巨大压力。一方面，水资源的稀缺性限制了用水需求的满足程度，进而影响了流域内经济的稳定增长和社会的和谐稳定；另一方面，用水需求的增加也加剧了水资源的污染和浪费问题，如农业灌溉中的大水漫灌、工业废水未经处理便直接排放等现象，都导致了水资源的严重浪费和污染。因此，加强水资源管理，提高水资源利用效率，减少水资源浪费和污染，成为黄河流域应对用水需求持续增长这一挑战的关键。

二、黄河流域水资源供需调节的对策

（一）加强水资源保护和合理利用：构建法治基础与技术创新并行

加强黄河流域水资源的保护和合理利用，是缓解水资源供需矛盾、保障流域可持续发展的关键举措。其首要任务是建立健全的水资源保护法规体系，为水资源管理提供坚实有力的法律支撑。具体包括：制定和完善水资源保护、水污染防治、水资源调配等方面的法律法规，明确水资源保护的目标、原则、措施和责任主体，确保各项水资源保护和管理活动有法可依、有章可循①。

在构建法规体系的基础上，加强水资源的监管和执法力度至关重要。相关部门应建立健全的水资源监测网络，实时掌握水资源数量、质量和时空分布状况，为科学决策提供数据支持。同时，加大对违法排污、非法取水等行为的查处力度，形成有效的震慑效应，维护良好的水资源管理秩序。

推广节水技术和设备是提高水资源利用效率、减少浪费现象的有效途径。在农业领域，应大力推广滴灌、喷灌等节水灌溉技术，减少灌溉用水量，提高灌溉效率；在工业领域，鼓励企业采用先进的节水工艺和设备，提高水的重复利用率，降低单位产品水耗；在生活领域，推广节水器具，如节水型水龙头、节水马桶等，减少生活用水量。

此外，还应加强水资源保护和合理利用宣传教育，提高公众的节水意识和参与度。通过媒体宣传、学校教育、社区活动等多种渠道，普及水资源保护知识，倡导节水文化，形成全社会共同关心、支持和参与水资源保护和合理利用的良好氛围。

（二）优化水资源配置：跨区域协调与工程建设并重

优化水资源配置是解决黄河流域水资源供需矛盾的重要途径。针对水资源时空分布不均问题，应建立健全水资源调配机制，加强流域内各地区之间的协调与合作，实现水资源的合理分配和有效利用。

跨区域协调是优化水资源配置的关键。黄河流域涉及多个省份和地区，各地水资源状况、经济社会发展水平和用水需求存在差异。因此，应加强流域管理机构与地方政府之间的沟通与协调，建立定期会商机制，共同研究解决水资源配置中的重大问题。同时，还应鼓励流域内各地区之间开展水资源合作与交流，共享水资源管理经验和技术成果，促进流域内水资源的整体优化。

---

① 高晓光．黄河流域水资源效率测度研究［J］．合作经济与科技，2021（13）：14-16.

工程建设是优化水资源配置的重要手段。针对黄河流域水资源时空分布不均的问题，应加快调水工程建设步伐，如南水北调东线、中线等工程，将水资源从相对丰富的地区调配到缺水地区。同时，还应加强水库、堤防等水利基础设施建设，提高流域的蓄水和防洪能力，为水资源的合理调配提供有力保障。

在优化水资源配置的过程中，还应充分考虑生态环境保护和可持续发展的需求。在调水工程建设和运行管理中，应坚持生态优先、绿色发展理念，确保调水工程对生态环境的影响降至最低。同时，应加强对调水工程沿线生态环境的监测和保护，及时发现和解决生态环境问题，确保调水工程的可持续运行。

（三）加强科技创新和人才培养：创新驱动与人才支撑并行

加强科技创新和人才培养是解决黄河流域水资源供需矛盾的重要保障。科技创新是推动水资源保护和合理利用的重要动力，人才培养则是实现科技创新的基础和前提。

在科技创新方面，应加大对节水技术、水资源保护和管理等方面的科研投入力度。鼓励科研机构、高校和企业加强合作与交流，共同开展关键技术攻关，实现成果转化。同时，还应加强对节水技术、水资源保护和管理等方面的专利保护和知识产权管理，推动科技创新成果的产业化应用。

在人才培养方面，应加强水资源管理专业人才和技术骨干队伍的建设。通过高等教育、职业教育和继续教育等多种途径，培养一批具备水资源管理、节水技术、生态环境保护等方面知识和技能的高素质人才。同时，还应加强对现有水资源管理人员的培训和教育，提高他们的专业素养和管理能力。

在加强科技创新和人才培养的过程中，还应注重与国际先进经验的交流与合作。积极引进国外先进的节水技术和管理经验，加强与国际组织的合作与交流，推动黄河流域水资源保护和合理利用的国际化进程。

三、黄河流域水资源供需调节案例

（一）引黄济津工程：跨流域调水的典范与实践

引黄济津工程作为缓解天津市水资源短缺问题的重大举措，自实施以来，对保障天津市经济社会发展和民生用水需求发挥了至关重要的作用。该工程利用现代水利工程技术，将黄河流域丰富的水资源通过输水管道和渠道，远距离输送至天津市，有效地缓解了这座北方大都市的用水紧张状况。这一壮举不仅彰显了我国在水资源调配领域的先进技术和强大能力，更深刻体现了黄河流域水资源对于全国水资源平衡与调配的战略意义。

引黄济津工程的成功实施，不仅解决了天津市的燃眉之急，更在水资源管理和调配方面提供了宝贵的经验。该工程在规划、设计、施工及运营过程中，充分考虑了水资源的高效利用、生态环境的保护和经济社会发展的需求，实现了水资源利用的可持续性和生态效益的最大化。通过科学的水量分配、严格的水质监测和有效的调度管理，确保了引黄水资源的稳定供应和优质安全。此外，该工程的成功还促进了区域间的合作与交流，增强了流域内各地共同应对水资源短缺挑战的意识，为其他地区的水资源调配提供了有益的借鉴和参考。

（二）宁夏引黄灌区节水改造工程：农业水资源管理的创新实践

宁夏引黄灌区节水改造工程是提高黄河流域农业水资源利用效率的典型案例，其成功经验对于推动黄河流域乃至全国农业节水灌溉事业的发展具有重要意义。该工程通过推广节水灌溉技术和设备，如滴灌、喷灌等现代灌溉技术，大幅度减少了灌溉过程中的水资源浪费，提高了灌溉水的利用率。同时，还通过加强水资源的管理和监管，建立健全了灌溉用水计量、监测和考核机制，确保了农业水资源的合理分配和高效利用①。

宁夏引黄灌区节水改造工程的实施，不仅显著提高了农业产量和品质，还有效改善了当地的生态环境，促进了农业可持续发展。该工程通过节水灌溉，减少了地下水的过度开采，保护了地下水资源，缓解了因水资源短缺而引发的生态环境问题。此外，该工程的成功还带动了当地农业产业结构的优化升级，促进了农业增效、农民增收和农村经济发展。其成功经验为黄河流域其他地区的农业水资源管理提供了有益的借鉴和参考，推动了整个流域农业节水灌溉事业的快速发展。

---

① 江铃峰．黄河流域水资源利用效率研究［J］．广西质量监督导报，2021（3）：27-28.

（三）郑州黄河水资源综合利用工程：城市水资源管理的典范之作

郑州黄河水资源综合利用工程是黄河流域水资源综合利用的典范之作，其成功实施为城市水资源管理树立了新的标杆。该工程通过建设调水工程、污水处理和回用工程等措施，实现了水资源的合理配置和高效利用，有效提升了郑州市的用水保障能力。

在调水工程方面，该工程充分发挥黄河水资源丰富的优势，通过科学规划和精心施工，构建了完善的输水系统和配套设施，确保了黄河水资源的稳定供应。在污水处理和回用方面，该工程采用了先进的污水处理技术和设备，实现了污水的达标排放和再利用，有效减少了城市污水排放对环境的污染，提高了水资源的利用效率。

郑州黄河水资源综合利用工程的成功实施，不仅为郑州市的经济社会发展提供了有力的水资源保障，也为黄河流域其他城市的水资源管理提供了有益的借鉴和参考。其成功经验表明，通过科学规划、技术创新和严格管理，可以实现城市水资源的合理配置和高效利用，推动城市可持续发展。

第三节 黄河流域水资源效率的测度

一、水资源效率测度方法

（一）水资源利用量测度：全面评估水资源消耗与需求

水资源利用量的测度是水资源管理的基础，它帮助我们理解水资源的消耗模式、需求分布以及潜在的节约空间。总用水量和有效用水量是这一评估框架中的两个核心要素。总用水量，作为衡量流域或特定区域内各行业从各种水源（包括地表水、地下水、再生水等）获取并消耗的水资源总量的指标，直接反映了该区域的水资源消耗规模。这一数据对于制定水资源管理政策、规划水资源开发利用项目以及评估水资源供需平衡状态至关重要。对比不同年份、不同行业或不同地区的总用水量，可以揭示水资源消耗的趋势、结构以及存在的问题，为水资源的高效配置和合理利用提供依据。

有效用水量则是从实际需求角度出发，衡量真正满足生产、生活需要的那部分水资源量。它关注的是水资源的实际效益，即水资源是否被有效利用于促进经济发展、保障居民生活或维护生态环境。有效用水量的计算通常需要考虑水质、用水方式、用水效率等多个因素，以确保评估结果的准确性和科学性。通过计算有效用水量与总用水量的比例，可以评估水资源的浪费程度，为制定节水措施、提高水资源利用效率提供数据支持。

在水资源利用量的测度中，用水总量、单位面积用水量、单位产值用水量等指标扮演着重要角色。用水总量直观展示了水资源消耗的总体规模，为宏观管理提供基础数据；单位面积用水量通过比较不同区域或行业的用水强度，揭示了水资源利用的空间差异和潜在节约空间；单位产值用水量则反映了经济活动对水资源的消耗程度，是衡量水资源利用效率和经济可持续发展水平的重要指标。综合运用这些指标，有助于形成全面、系统的水资源利用量评估体系，为水资源管理提供科学依据。

（二）水资源利用效率测度：优化资源配置，促进可持续发展

水资源利用效率是衡量水资源管理成效的关键指标，它直接关系到水资源的可持续利用和经济社会的可持续发展。在水资源日益紧张的背景下，提高水资源利用效率已成为全球水资源管理的共同目标。水资源利用效率测度通过一系列具体指标，如水资源利用率、单方水 GDP 产出量、农业水资源利用效率、工业水资源利用效率和生活水资源利用效率等，全面评估了水资源在不同领域、不同用途中的使用效率和效益。

水资源利用率是衡量水资源被有效利用程度的直接指标，它反映了水资源从取用到排放整个过程中的损失和浪费情况。通过提高水资源利用率，可以减少水资源的无效消耗，实现水资源的节约和高效利用。单方水 GDP 产出量则是一个宏观的经济指标，它通过将水资源消耗与经济增长相联系，评估了国

家、地区或行业总体经济的用水效率及其变化趋势。这一指标的高低，直接反映了水资源对经济增长的贡献度和水资源管理的成效。

（1）在农业领域，农业水资源利用效率是衡量农业灌溉用水效率的关键指标。去变异农业水资源利用效率通过剔除自然因素（如降雨量、土壤类型等）的影响，更准确地反映了农业灌溉技术的先进性和管理水平的优劣。亩均灌溉用水量则直接反映了单位面积农田的灌溉用水量，是评估农业节水灌溉效果的重要指标。通过优化灌溉制度、推广节水灌溉技术、加强灌溉用水管理等措施，可以显著提高农业水资源利用效率，促进农业可持续发展。

（2）在工业领域，工业水资源利用效率是衡量工业生产中水资源利用效率和节水水平的重要指标。万元工业增加值用水量反映了单位工业增加值所需的水资源量，是衡量工业用水效率的直接指标。工业用水比例则揭示了工业用水在总用水量中的占比，为分析工业用水结构、制定节水措施提供依据。通过改进生产工艺、提高水的循环利用率、加强废水处理等措施，可以显著降低工业用水消耗，提高水资源利用效率。

（3）在生活领域，生活水资源利用效率则反映了居民生活用水的效率和节水意识。人均生活用水量是衡量居民生活用水水平的重要指标，通过比较不同国家或地区的人均生活用水量，可以评估当地的节水意识以及实行节水措施的成效。提高生活水资源利用效率，需要倡导实行节水文化、推广节水器具、加强用水管理等措施，共同营造节水型社会氛围。

此外，水资源节约率、用水节约投资等指标也是评估水资源节约成效的重要工具。它们通过量化节水措施的实施效果和经济投入，为制定更加科学合理的节水政策、优化水资源配置提供数据支持。综上所述，水资源利用效率测度体系的构建和完善，对于推动水资源高效利用、促进经济社会可持续发展具有重要意义。

二、黄河流域水资源效率测度中存在的问题

（一）数据获取困难：统一标准，强化共享

水资源效率测度是一项复杂而精细的工作，它依赖于准确、全面且可比的

数据支持。然而，在黄河流域这样地理跨度大、行业分布广的地区，数据获取面临着诸多挑战。不同地区、不同行业间的数据标准和统计方法差异显著，这不仅增加了数据整合的难度，也影响了水资源效率测度的准确性和可靠性。

为应对这一挑战，需要建立统一的数据标准和统计方法。这包括明确数据的定义、分类、计量单位和统计周期等，以确保数据的可比性和一致性。同时，应推动跨区域、跨行业的数据共享机制建设，打破信息孤岛，促进数据资源的互联互通。通过加强数据平台建设，实现数据的实时采集、存储、分析和共享，为水资源效率测度提供强有力的数据支撑。

（二）指标选取不合理：多元化评估，全面反映

水资源效率测度指标的选取直接关系到评估结果的准确性和有效性。然而，在实际操作中，由于指标选取不合理或过于单一，往往导致评估结果无法全面反映水资源利用效率的真实情况。例如，仅依赖单一的用水总量或单位产值用水量等指标，对水资源利用效率进行评估，容易忽略水资源利用的多元性和复杂性。

为了更准确地评估水资源利用效率，需要构建多元化的评估指标体系。这包括但不限于水资源利用率、单方水 GDP 产出量、农业水资源利用效率、工业水资源利用效率和生活水资源利用效率等指标。同时，还应考虑将水质、水生态、水环境等因素纳入评估范围，以全面反映水资源利用的经济、社会和生态效益。通过多元化的评估指标体系，可以更准确地把握水资源利用效率的现状和趋势，为制定科学合理的水资源管理政策提供有力支持。

（三）政策执行不力：加强监管，确保实效

尽管黄河流域内出台了一系列水资源管理政策，但在实际执行过程中仍存在一些问题，严重影响了水资源效率的提升。为了加强政策执行力度，需要加大政策宣传力度，提高公众对水资源管理政策的认知度和参与度。同时，应建立健全的监管机制，加强对水资源利用行为的监督和检查，确保政策得到有效执行。此外，还应加强执法力度，对违法违规行为进行严厉打击，形成有效的震慑作用。通过加强监管和执法力度，可以确保水资源管理政策得到切实执

行，推动水资源利用效率的提升。

三、提升黄河流域水资源效率的策略

（一）加强数据收集和统计分析：构建全面监测网络

为了准确评估黄河流域水资源效率，首要任务是加强数据收集和统计分析工作。这就要求建立一套全面覆盖流域内各行业、各地区的用水数据监测和统计体系。该体系需涵盖地表水、地下水、再生水等多种水源的取用、消耗、排放等全过程，以确保数据的准确性和完整性。为实现这一目标，可依托现代信息技术，如物联网、大数据、云计算等，构建智能化的水资源监测网络，实现对水资源利用的实时监测和动态管理。

在数据收集的基础上，加强数据分析和挖掘工作同样重要。可通过综合运用统计学、经济学、环境科学等多学科交叉的方法，深入挖掘数据背后的规律和趋势，为水资源效率测度提供科学依据。例如，通过建立水资源利用效率模型，分析不同行业、不同地区水资源利用效率的差异及影响因素，为制定针对性的水资源管理政策提供数据支撑。

（二）优化指标体系：构建多元化评估体系

针对当前水资源效率测度指标选取不合理的问题，相关部门应优化指标体系，构建多元化评估体系。这一体系应综合考虑水资源的多元性和复杂性，既包含反映水资源利用效率的综合指标，如水资源利用率、单方水 GDP 产出量等，又涵盖单项指标，如农业灌溉水利用率、工业用水重复利用率等。同时，根据不同行业和地区的特点，制定差异化的评估标准和方法，确保评估结果的准确性和有效性。

在优化指标体系的过程中，还应注重指标的动态调整和更新。随着水资源管理政策的实施和技术的进步，水资源利用效率会发生变化。因此，指标体系需定期进行评估和调整，以适应新的形势和需求。

（三）加强政策引导和监管：完善法规体系，强化执行力

政府在水资源管理中发挥着至关重要的作用。为提升水资源效率，政府应

加强对水资源管理的政策引导和监管力度。首先，出台更加具体、可行的水资源管理政策，明确各部门的职责和分工，形成协同推进的工作格局。其次，加强政策宣传和培训工作，提高公众对水资源管理的认识和参与度，营造全社会共同关注水资源管理的良好氛围。

在监管方面，加大监管力度和执法力度是关键。政府应建立健全水资源监管体系，加强对水资源利用行为的监督和检查，确保政策得到有效执行。对于违法违规行为，要依法进行查处，形成有效的震慑作用。此外，还应建立水资源效率评估和考核机制，将水资源效率纳入地方政府绩效考核体系，推动地方政府切实履行水资源管理职责。

（四）加强国际合作与交流：学习借鉴先进经验

加强国际合作与交流是提高黄河流域水资源效率的重要途径。政府可通过与国际先进国家和地区开展合作与交流，学习并借鉴其在水资源管理方面的先进经验和技术成果。这包括水资源管理政策的制定与执行、节水技术的研发与应用、水资源监测与评估体系的建立等方面的经验。

同时，还可积极参与国际水资源管理组织和活动，如联合国水资源高级别会议、世界水论坛等，共同推动全球水资源管理的进步和发展。通过国际交流与合作，不仅可以提升黄河流域水资源管理的水平，还可以为全球水资源管理贡献中国智慧和力量。

第四节　黄河流域水资源的配置与优化

一、黄河流域水资源配置与优化的原则

（一）统筹兼顾：平衡经济社会发展与生态环境保护

统筹兼顾原则，要求在水资源配置中，既要满足经济社会发展的需求，又

要兼顾生态环境保护的需要，实现水资源的可持续利用。这一原则的实施，需要充分考虑黄河流域的自然地理特征和生态环境状况，以及经济社会发展的实际情况。

在经济社会发展方面，应合理规划和布局流域内的产业结构和空间布局，避免过度开发和无序竞争导致的水资源短缺和生态环境破坏。同时，还应加强对水资源的宏观调控和统一管理，确保水资源的公平分配和有效利用①。

在生态环境保护方面，应加强对流域内水资源的保护和管理，防止水污染和水生态破坏。可通过实施严格的水质标准和排放标准，加强对工业废水、生活污水和农业面源污染的治理，确保水质安全。同时，还应加强对水生态系统的保护和修复，维护水生态系统的健康和稳定。

在统筹兼顾过程中，还需要注重流域内不同地区之间的协调与合作。可通过建立健全流域管理机制和协调机制，加强不同地区之间的信息共享和沟通协作，共同应对水资源短缺和生态环境问题。

（二）集约使用：提高水资源利用效率，优化配置结构

集约使用原则，强调在水资源管理中，应注重提高水资源的利用效率，优化水资源的配置结构，实现水资源的最大化效益。这一原则的实施，需要从多个方面入手。

在农业领域，应加强对灌溉水的精细化管理，可通过精确灌溉、智能灌溉等方式，提高灌溉水的利用效率。同时，还应加强对农业用水的计量和监测，确保农业用水的合理性和有效性。

在工业领域，应鼓励企业采用先进的生产工艺和设备，降低生产过程中的水耗。同时，还应加强对工业废水的处理和再利用，减少对新鲜水的需求。

在生活中，应加强对城市供水管网的改造和维护，减少供水过程中的漏损和浪费。同时，还应加强对城市雨水资源的收集和利用，提高城市水资源的自给能力。

---

① 王煜，郑小康，彭少明，等．黄河流域水资源配置研究与展望［J］．人民黄河，2024，46（9）：18-24.

在优化水资源配置结构方面，应根据流域内不同地区的水资源禀赋和经济社会发展的需求，合理规划和布局水资源。可通过建设跨流域调水工程、水库等水利设施，实现水资源的合理调配和均衡利用。同时，还应加强对水资源的动态监测和预警，及时发现和解决水资源短缺和生态环境问题。

（三）精打细算：确保每一滴水都能发挥最大效益

精打细算原则，要求在水资源配置过程中，要注重细节管理，确保每一滴水都能发挥最大效益。这一原则的实施，需要从以下三个方面入手：

（1）在技术层面，应加强对水资源计量和监测技术的研发和应用。可通过引入先进的计量和监测设备，实现对水资源的精确计量和实时监测，为水资源的合理配置和优化利用提供科学依据。

（2）在管理层面，应加强对水资源管理的精细化和规范化。可通过建立健全的水资源管理制度和流程，明确各级政府和部门的职责和权限，确保水资源管理的规范性和有效性。同时，还应加强对水资源管理人员的培训和教育，提高其的专业素养和管理能力。

（3）在公众参与层面，应加强对公众的节水宣传教育，提高公众的节水意识和参与度。可通过举办节水知识讲座、发放节水宣传资料等方式，让公众了解节水的重要性和紧迫性，从而自觉参与到节水行动中。同时，还应鼓励公众对水资源管理进行监督和反馈，及时发现和解决水资源管理中的问题。

二、黄河流域水资源配置与优化的策略

（一）加强水资源节约与保护：构建节水型社会

在水资源日益紧张的当下，加强水资源节约与保护是保障黄河流域可持续发展的关键。推广节水技术和设备是实现这一目标的重要手段。在农业领域，传统的灌溉方式往往会造成大量水资源浪费，因此，推广节水灌溉技术，如滴灌、喷灌、渗灌等，可以显著提高灌溉水的利用效率，减少水分蒸发和深层渗漏。这在保障农作物生长的同时，还能减少对地下水的过度开采。此外，在生活用水方面，高效节水器具，如节水龙头、节水马桶等，能在不降低生活质量

的前提下，有效降低家庭用水量，进而助力形成全民节水的良好风尚。

加强水资源监管是确保节水措施有效落实的保障。要建立健全水资源监管体系，不仅要对水资源开发、利用、保护和节约的全过程进行监管，还要加强对取水许可、水资源费征收、水质监测等环节的监管，确保每一滴水都被合理、合法、高效地利用。同时，还可利用现代信息技术，如物联网、大数据等，构建智慧水利系统，实现对水资源的实时监测和精准管理，及时发现并解决水资源浪费和污染问题。

提高公众节水意识是构建节水型社会的基石。通过宣传教育、媒体宣传、社区活动等多种渠道，普及节水知识，传授节水技巧，增强公众的节水责任感和参与度。学校可以将节水教育纳入课程体系，从小培养孩子们的节水意识；企业可以开展节水竞赛，鼓励员工提出节水创新方案；社区可以组织节水宣传活动，引导居民养成良好的用水习惯。通过这些举措，可以形成全社会共同参与节水行动的良好氛围。

（二）实施水资源优化配置工程：促进水资源高效利用

实施水资源优化配置工程是解决黄河流域水资源分布不均、供需矛盾突出的有效途径。建设调水工程，如南水北调工程，是通过人工手段实现水资源的跨区域调配，进而缓解北方地区水资源短缺的状况。这类工程不仅解决了水资源空间分布不均的问题，还促进了区域间的经济联系和协调发展。然而，调水工程的建设和运营需考虑生态影响、经济效益、社会稳定等多方面因素，以确保工程实施的可持续性①。

实施水源置换工程，旨在通过技术改造和产业升级，将高耗水、低效益的用水方式转变为低耗水、高效益的用水方式。在工业生产中，可推广循环用水系统和废水回收利用技术，以此来减少新鲜水的使用；在农业灌溉中，可采用智能化灌溉系统，根据农作物生长周期和土壤湿度自动调整灌溉量，避免过度灌溉。这些措施不仅提高了水资源的利用效率，还促进了产业升级和绿色

① 牛晨宇，曾麒洁，张志华，等．黄河流域水资源配置问题研究与优化［J］．科学技术与工程，2023，23（10）：4357-4366.

发展。

加强非常规水源利用是水资源优化配置的重要组成部分。雨水、再生水、苦咸水、矿井水等非常规水源，虽然开发利用难度较大，但潜力巨大。通过建设雨水收集系统、再生水回用设施、苦咸水淡化工程和矿井水综合利用项目，可以有效缓解常规水源的压力，提高水资源整体利用效率。同时，在开发利用非常规水源时，需注重环境保护和生态安全，避免对自然生态造成不良影响。

（三）完善水资源管理体制与机制：保障水资源可持续利用

完善水资源管理体制与机制是实现水资源可持续利用的制度保障。明确各级政府和部门在水资源管理中的权责关系，是确保水资源管理政策得到有效执行的前提。通过制定和完善相关法律法规，明确各级政府的责任和义务，以及各部门的职责分工，可形成上下联动、左右协同的水资源管理体系。同时，还可加强水资源管理的公众参与度，鼓励社会组织和公众参与到水资源管理决策过程中，以提高水资源管理的透明度和公信力。

加强水资源调度与配置机制建设，是实现水资源科学调度和合理配置的关键。通过建立和完善水资源调度平台，实时掌握水资源供需状况，科学制定调度方案，可确保水资源在时间和空间上的合理分配。同时，还可加强对水资源调度的监测和评估工作，及时发现和纠正调度中出现的问题，以确保调度方案的可行性和有效性。

加强执法与监管是确保水资源管理法律法规得到有效实施的重要手段。应加大对水资源违法行为的查处力度，对非法取水、超量取水、水污染等行为进行严厉打击，维护水资源管理的秩序和公平。同时，还应加强执法队伍建设，提高执法人员的业务能力和执法水平，确保执法活动的公正性和权威性。此外，应加强对水资源管理的社会监督，鼓励公众举报水资源违法行为，营造全社会共同监督水资源管理的良好氛围。

三、黄河流域水资源配置与优化的案例分析

（一）南水北调工程：跨流域调水的典范

南水北调工程，是中国乃至世界范围内规模宏大的水资源调配工程，对黄

河流域的水资源配置与优化具有里程碑式的意义。该工程通过精密的规划与建设，成功实现了从水资源相对丰富的长江流域向水资源匮乏的黄河流域的跨流域调水。这一壮举不仅有效缓解了黄河流域长期以来的水资源短缺问题，为流域内的农业灌溉、工业生产、居民生活提供了稳定可靠的水源，还极大地促进了流域内的经济社会发展。

南水北调工程在生态环境保护方面也发挥了积极作用。通过调水，黄河流域的水资源分布状况得到改善，这有助于恢复和保护流域内的湿地生态系统，提高生物多样性，为流域内生态环境提供更加稳定的水资源保障。此外，该工程还促进了流域间的经济联系与协同发展，为构建更加和谐的水资源利用格局奠定了坚实基础。

（二）黄河干流骨干水库蓄水工程：水资源调节与配置的基石

黄河干流骨干水库蓄水工程是黄河流域水资源配置与优化的另一项重要举措。这些水库的建设与蓄水管理，为黄河流域的水资源调节与配置提供了有力支撑。在防洪方面，水库能够有效拦蓄洪水，减轻下游洪涝灾害；在灌溉方面，水库能够调节水量，确保农田灌溉需求；在发电方面，水库利用水能发电，为流域内的经济发展提供了清洁能源。

此外，黄河干流骨干水库蓄水工程还为流域内的水资源管理提供了科学依据。通过对水库蓄水量的实时监测与数据分析，能够精准掌握流域内的水资源状况，为制定更加合理的水资源利用方案提供了有力支持。

第五节　黄河流域水资源的节约集约利用能力评价

一、黄河流域水资源节约集约利用的内涵与意义

（一）黄河流域水资源节约集约利用的内涵

水资源节约集约利用主要包括两层含义：一是保护水资源，即对水资源的

数量、质量和生态功能进行保护，防止水资源遭到破坏或枯竭，影响人类生存。二是高效利用水资源，包括节约和集约两方面。节约用水是指通过减少用水量，使人们高效地使用水资源，改善用水结构，加强用水管理，改变粗放的水资源利用方式，以此来提高水资源利用效率，推动水资源可持续发展，尽力维持水资源总量的稳定。集约用水是相对于粗放用水而言的，它以水资源总量为刚性约束，通过提高资金、优化管理措施、提升科学技术水平等方式，或者降低要素重组所需投入的成本，来提高水资源利用效率，从而获取最大的经济效益。

（二）黄河流域水资源节约集约利用的意义

1. 保障水资源安全：黄河流域的基石

黄河流域作为中国重要的经济区域和生态屏障，其水资源安全状况直接关系到流域内居民的生活质量和工农业生产的稳定发展。面对水资源短缺的严峻挑战，节约集约利用水资源成为保障黄河流域水资源安全的必由之路。通过推广先进的节水技术和设备，如高效节水灌溉系统、智能水表等，可以大幅降低农业和生活用水的浪费，确保每一滴水都能得到合理利用。同时，加强水资源管理和监管体系的建设，严格实施水资源取用许可制度，严厉打击超量用水和非法取水行为，以此来有效遏制水资源的无序开发和过度利用。这些措施不仅缓解了黄河流域水资源短缺问题，还保障了流域内居民生活和工农业生产的用水需求，为流域的可持续发展奠定了坚实基础①。

在保障水资源安全的过程中，还需要注重水资源的合理配置和调度。黄河流域水资源分布不均衡，有些地区水资源相对丰富，而有些地区则严重缺水。因此，通过建设调水工程和加强水资源调度，实现水资源的跨区域调配和合理利用，是解决水资源短缺问题的有效手段。南水北调工程等跨流域调水工程的建设，为黄河流域提供了稳定的水资源补充，有效缓解了流域内水资源短缺的矛盾。同时，应加强流域内水资源的统一管理和调度工作，根据不同地区的水

① 李跃红，蒋晓辉，张琳．黄河流域水资源节约集约利用能力评价［J］．南水北调与水利科技（中英文），2023，21（4）：731-741.

资源状况和用水需求，制订科学合理的用水计划，确保水资源的公平分配和高效利用，从而进一步保障黄河流域水资源的安全。

2. 促进经济发展：水资源节约集约利用的新动力

水资源的节约集约利用不仅有助于保障水资源安全，还能促进黄河流域经济的可持续发展。在工业方面，通过推广节水技术和设备，优化生产工艺流程，可以降低生产过程中的水资源消耗，从而降低生产成本，提高企业的竞争力。在农业方面，通过实施节水灌溉和智能农业技术，不仅可以提高灌溉水的利用效率，减少水资源浪费，同时还能提高农作物的产量和品质，促进农业增效和农民增收。此外，水资源的节约集约利用还能为流域内的清洁能源开发提供有力支撑。黄河流域拥有丰富的水能资源，通过合理开发和利用这些资源，可以推动流域内清洁能源产业的发展，为经济的可持续发展注入新的动力。

在促进经济发展的过程中，还需要注重水资源的循环利用和再生利用。通过建设污水处理厂，使用再生水回用设施，将废水处理后转化为可用的再生水，并将其应用于工业冷却、城市绿化、农业灌溉等领域。这不仅可以减少人们对新鲜水的需求，还能降低环境污染，实现水资源的循环利用和可持续发展。同时，加强对非常规水源的利用，如雨水收集、矿井水利用等，可以进一步拓宽水资源的来源渠道，为流域内的经济发展提供更加丰富的水资源保障。

3. 保护生态环境：合理开发与利用水资源的绿色路径

合理开发和利用水资源，是保护黄河流域生态环境的重要措施。黄河流域拥有丰富的生态系统，生物多样性显著。然而长期以来，由于水资源的无序开发和过度利用，导致流域内的生态环境遭到严重破坏。因此，在开发和利用水资源的过程中，应注重生态环境的保护和修复。通过实施生态补水工程，将多余的水资源用于恢复和保护湿地、河流等生态系统，可以提高流域内的生物多样性，维护生态平衡。同时，还应加强对水资源开发利用活动的监管和管理，确保开发利用活动契合生态环境保护要求，防止对生态环境造成破坏。

在保护生态环境的过程中，还需要注重将水资源的节约集约利用与生态补偿机制相结合。通过建立完善的水资源有偿使用制度和生态补偿机制，对水资源开发利用活动进行经济激励并对其约束，引导企业和个人在开发和利用水资源的过程中注重生态环境保护。同时，加强对生态环境保护和修复的投入力度并给予更多支持，推动流域内生态环境的持续改善，实现绿色发展。通过这些措施的实施，可以确保黄河流域水资源的合理开发利用与生态环境保护之间的协调发展，为流域内的可持续发展提供有力保障。

二、黄河流域水资源节约集约利用能力的评价

（一）构建评价指标体系：全面评估黄河流域水资源节约集约利用能力

为全面、系统地评价黄河流域水资源的节约集约利用能力，构建一套科学、合理的评价指标体系尤为重要。这一指标体系旨在综合反映水资源系统、社会经济系统、生态环境系统等多个维度的状况，为政策制定、管理优化和节水技术的推广提供科学依据。

在水资源系统方面，该指标体系应涵盖水资源总量、人均水资源量、水资源开发利用程度等关键指标。其中，水资源总量反映了流域内水资源的总体丰富程度，是评价水资源潜力的基础。人均水资源量则体现了水资源的分配状况，对于评估流域内居民的生活用水需求是否得到满足具有重要意义。水资源开发利用程度则揭示了流域内水资源被利用的程度，有助于判断其是否存在过度开发或利用不足的情况。

在社会经济系统方面，该指标体系应关注万元 GDP 用水量、农田灌溉水有效利用系数、工业用水重复利用率、生活用水节水器具普及率等指标。其中，万元 GDP 用水量反映了经济活动的用水效率，是衡量节水型社会建设成效的重要指标。农田灌溉水有效利用系数则体现了农业灌溉过程中水资源的利用效率，对于提高农业生产效率和保障粮食安全具有重要意义。工业用水重复利用率和生活用水节水器具普及率则分别反映了工业和生活领域节水技术的应用程度，是评估节水措施实施效果的重要依据①。

① 李舒，张瑞嘉，等．黄河流域水资源节约集约利用立法研究［J］. 人民黄河，2022，44（2）：65-70.

在生态环境系统方面，该指标体系应关注水质状况、湿地保护率、生物多样性等指标。水质状况直接反映了水资源的污染程度，对于保护生态环境和保障人体健康具有重要意义。湿地保护率体现了对湿地生态系统的保护力度，有助于维护流域内的生态平衡。生物多样性则反映了流域内生物种类的丰富程度，是评价生态系统健康状态的重要指标。

（二）选择评价方法：科学评估黄河流域水资源节约集约利用能力

在构建评价指标体系的基础上，选择合适的评价方法对于全面、客观地评估黄河流域水资源的节约集约利用能力至关重要。常用的评价方法包括主成分分析法、熵值法、模糊综合评价法等。每种评价方法都有其独特的优势和适用范围。

主成分分析法是一种基于数据降维的统计方法。它通过提取原始指标中的主成分，将多个指标转化为少数几个综合指标，从而简化问题并保留关键信息。该方法适用于指标数量较多且存在较强相关性的情形，能够有效减少计算量，避免信息重叠。在黄河流域水资源的节约集约利用能力评价方法中，主成分分析法可以用于提取影响水资源节约集约利用的关键因素，为政策制定提供科学依据。

熵值法是一种基于信息熵的赋权方法。它通过计算每个指标的熵值来确定其权重，从而实现对指标的综合评价。该方法适用于指标权重难以被主观确定的情形，能够客观反映各指标在综合评价中的重要程度。在黄河流域水资源的节约集约利用能力评价方法中，熵值法可以用于确定各指标的权重，提高评价的客观性和准确性。

模糊综合评价法是一种基于模糊数学的评价方法。它通过构建模糊评价矩阵和计算模糊综合评价值，来实现对复杂系统的综合评价。该方法适用于评价指标具有模糊性和不确定性的情形，能够较好地应对评价过程中的模糊性和不确定性问题。在黄河流域水资源的节约集约利用能力评价方法中，模糊综合评价法可以用于处理部分难以被量化的指标，如生态环境系统的健康状况等，从而提高评价的全面性和准确性。

值得注意的是，每种评价方法都有其适用条件和局限性，因此在选择评价方法时，需根据实际情况进行综合考虑。同时，为了保证评价结果的可靠性和有效性，还可以采用多种评价方法相结合的方式开展综合评价。

（三）得出并评价结果：深入剖析黄河流域水资源节约集约利用能力

黄河流域水资源的节约集约利用能力整体呈现先降低后上升的趋势。这一趋势可能与流域内经济社会发展、水资源管理政策以及节水技术的应用等因素有关。在经济社会快速发展的初期，由于水资源管理政策不够完善、节水技术相对落后等因素，导致水资源节约集约利用能力相对较低。然而，随着国家对水资源管理政策的不断完善和节水技术的不断推广，黄河流域水资源的节约集约利用能力逐渐提高。尤其是近年来，随着生态文明建设的深入推进和节水型社会建设的不断加强，黄河流域水资源的节约集约利用能力呈现明显的上升趋势。

黄河流域内不同省（自治区）的水资源节约集约利用能力存在显著差异。这可能与各省（自治区）的自然条件、经济发展水平、水资源管理政策等因素有关。例如，青海、陕西等省份的水资源节约集约利用能力相对较高，这可能与这些省份的水资源相对丰富、节水意识较强、节水技术较为先进等因素有关。而山东、河南等省份的水资源节约集约利用能力则相对较低，这可能与这些省份的经济社会发展水平较高、水资源需求量大、水资源管理压力较大等因素有关。因此，在制定水资源管理政策和推广节水技术时，需要充分考虑各地区的实际情况和差异，因地制宜地制定相应的措施和政策。

尽管黄河流域在水资源节约集约利用方面取得了一定成效，但仍存在一些问题。这些问题需要引起高度重视，并且要采取有效措施加以解决。具体而言，一是水资源供需矛盾依然突出。随着流域内经济社会的发展和人口的增长，水资源需求量不断增加，然而水资源总量有限，导致供需矛盾日益加剧。二是开发利用率高但利用效率低。部分地区在开发利用水资源时存在过度开发和浪费现象，导致水资源利用效率低下。三是生态环境脆弱。黄河流域的生态环境相对脆弱，容易受到人类活动的影响和破坏。因此，在推进水资源节约集约利用的过程中，需注重生态环境的保护和修复，确保水资源的可持续利用。

针对以上问题，本章建议采取以下措施加以解决：一是加强水资源管理政策的制定和执行力度，确保各项节水措施得到有效落实；二是加大节水技术的研发和推广力度，提高水资源利用效率；三是加强生态环境保护和修复工作，维护流域内的生态平衡；四是加强宣传教育，提高公众的节水意识和节水能力。通过实施这些措施，可以进一步提高黄河流域水资源的节约集约利用能力，为流域内的经济社会发展提供更加坚实的水资源保障。

第五章 黄河流域水资源的利用管理及其价值

黄河流域水资源的利用管理是一项复杂且重要的任务，它关系到流域内生态环境的保护、农业生产的稳定、工业发展的支撑以及居民生活的用水需求，本章将从多个方面展开论述。首先，分析基于可持续发展的黄河水资源管理。其次，进一步探讨黄河流域水权市场建设以及水资源的利用，并论述黄河水权转换的探索。再次，研究黄河下游引黄供水管理的问题与对策。最后，阐述黄河水量调度问题与管理系统的建设等相关内容。

第一节 基于可持续发展的黄河水资源管理

一、可持续发展概述

（一）可持续发展的定义

可持续发展是指既满足当代人的需求，又不损害后代人满足其自身需要能力的发展模式①。它强调在经济发展、社会进步和环境保护之间寻求平衡，以

① 彭熙伟，等．工程导论［M］．北京：机械工业出版社，2019.

确保资源的长期可持续利用和生态系统的健康稳定。这种发展模式不仅关注当前的经济增长，更重视长远的社会福祉和生态安全，旨在构建一个既能满足当前人类需求，又能为后代留下足够资源和良好环境的未来。可持续发展的核心在于资源的合理利用和环境的有效保护。它要求人们在发展过程中，必须充分考虑资源的有限性和环境的承载能力，避免过度开发和污染。同时，可持续发展还强调公平性和包容性，即发展成果应惠及全体人民，不同地区和群体之间应享有平等的发展机会和资源分配。这种发展模式不仅有助于减少贫困现象和不平等状况，还能促进社会的和谐稳定和可持续发展。

（二）可持续发展的重要性

1. 保障经济持续稳定增长

人类的发展史，实质是人类与自然的关系史，人类作为生态系统的关键环节，时刻影响着生态系统的进化和退化。人类社会与自然生态系统的互动，已成为生态学家、经济学家乃至普通民众的热点话题①。可持续发展是确保经济持续稳定增长的关键。它通过倡导资源的合理利用和环境的保护，避免了因过度开发和环境破坏而导致的经济停滞或衰退。在可持续发展指导下，经济活动能够更加注重长远利益，避免短视行为带来的负面影响。同时，可持续发展也鼓励创新和科技进步，为经济增长提供新的动力。这种发展模式不仅有助于提升当前的经济水平，还能为未来的经济发展奠定坚实的基础。

2. 维护社会稳定和谐

可持续发展对于维护社会稳定和谐至关重要。资源短缺、环境污染和生态破坏等问题，常常容易引发社会矛盾，影响社会的和谐稳定。而可持续发展通过合理分配资源、改善环境质量、保护生态平衡等措施，能够有效缓解这些问题，减少社会冲突。此外，可持续发展还注重提高人民的生活水平和幸福感，通过改善公共服务、促进教育公平、加强社会保障等方式，增强社会的凝聚力和向心力。

3. 促进全球环境合作与共同繁荣

可持续发展是全球性议题，需要各国共同应对。通过加强国际合作与交

① 龙妍，金宇晖，黄素逸．大系统中物质流—能量流—信息流的协同研究与应用［M］. 北京：冶金工业出版社，2022.

流，各国可以共享可持续发展的经验和成果，共同应对气候变化、生物多样性保护等全球性挑战。这种合作不仅有助于提升全球环境质量，还能够促进各国经济的共同繁荣。同时，可持续发展也强调尊重各国的主权和利益，推动建立公平、合理、有效的全球环境治理体系，为世界的和平与发展创造有利条件。

二、基于可持续发展的黄河水资源管理的价值和内容

（一）基于可持续发展的黄河水资源管理的价值

1. 生态维护与生物多样性保护

在可持续发展框架下，黄河水资源管理的首要任务是对生态环境的维护。通过科学合理的调配水资源，可以确保黄河干流及其支流水量稳定，为湿地、湖泊、河流等生态系统提供必要的生存条件。这不仅有助于恢复和改善黄河流域的自然环境，还能有效保护流域内的生物多样性，为鱼类、鸟类、植物等生物提供适宜的栖息地和繁殖环境。此外，通过生态补水等措施，可以逐步修复受损的生态系统，提升流域的自我恢复能力，为可持续发展奠定坚实的生态基础。

2. 农业灌溉与粮食安全

黄河水资源对农业生产至关重要。可持续的黄河水资源管理能够确保农田灌溉用水的充足和稳定，提高灌溉效率，减少水资源浪费。这不仅有助于提升农作物的产量和质量，还能保障国家粮食安全的战略需求。通过优化灌溉制度、推广节水灌溉技术等措施，不仅可以进一步提高水资源的利用效率，促进农业生产的可持续发展，还能减轻生态环境的压力。

3. 经济社会发展的支撑

黄河水资源管理在促进经济社会发展方面发挥着重要作用。通过合理规划和分配水资源，可以满足工业、城市供水等经济社会发展需求，为流域内城市的扩张、工业的发展提供可靠的水资源保障。同时，加强水资源管理，可以推动节水型社会建设，提高全社会的节水意识，促进水资源的节约和高效利用。这有助于实现经济社会发展的良性循环，提升流域内的综合竞争力和可持续发展能力。

4. 区域协调与国际合作

黄河水资源管理还涉及区域协调和国际合作的重要议题。黄河流域涉及多

个省份和地区，通过加强区域间的协调与合作，可以实现水资源的共享和优化配置，促进流域内经济社会的协调发展。此外，黄河作为一条国际河流，其水资源管理也涉及与周边国家和地区的合作与交流。通过加强国际合作，可以共同应对水资源短缺、水污染等全球性挑战，推动全球水资源的可持续利用和保护。这不仅有助于提升中国的国际地位和影响力，还能为全球水资源管理提供有益的借鉴和示范。

（二）基于可持续发展的黄河水资源管理的内容

1. 加强黄河水资源的保护

黄河水资源的保护是可持续发展的重要基础。为了实现这一目标，需采取一系列措施。首先，应加强对黄河流域的监测和监管，密切监视河水的水位、流量变化以及入河污染排放情况，及时发现和处理水量调度与水质污染问题。其次，应制定和完善水资源保护制度，明确水资源保护的责任和义务，对违反水资源保护规定的行为进行严厉打击。再次，还需加强黄河流域的生态环境保护和修复力度，通过植树造林、湿地保护等措施，提高黄河流域的生态环境质量。最后，还应加强与黄河流域周边地区的合作，共同推进水资源保护和管理工作，形成协同治理的强大合力。

2. 优化黄河水资源的配置

黄河水资源的优化配置是实现其可持续发展的重要手段。为了实现水资源的优化配置，需综合考虑黄河流域的自然条件、经济社会发展需求和水资源承载能力等因素。一方面，应根据黄河流域的实际情况，科学制定水资源配置方案，合理分配水资源，确保上下游、左右岸之间的用水需求得到满足。另一方面，应加强对水资源利用的管理和调度，通过建设水库、引水工程等措施，来提高水资源的利用效率和供水保障能力。同时，还需加强对水资源利用情况的监测和评估，及时发现和解决水资源利用中存在的问题。

3. 推进黄河水污染治理

黄河水污染治理是实现可持续发展的重要任务。为了实现水污染的有效治理，需采取一系列措施。首先，应加强对黄河流域工业废水、农业面源污染等污染源的治理力度，通过建设污水处理设施、推广清洁生产技术等措施，减少污染物的排放。其次，应加强对黄河流域水质的监测和评估，及时发现和解决水质问题。同时，还需要加强对黄河流域水污染治理的科技创新和应用力度，通过引进和推广先进的治理技术与设备，来提升水污染治理的效果和效率。此外，还应加强对黄河流域水污染治理的宣传和教育，提高公众对水污染治理的认识和参与度。

4. 推动黄河水资源管理的科技创新与应用

科技创新与应用是实现黄河水资源可持续发展的重要支撑。为了推动黄河水资源管理的科技创新与应用，需采取一系列措施。首先，应加强对黄河水资源管理领域的科技研发和创新力度，鼓励科研机构和企业开展水资源管理技术研发和创新活动。其次，应加强对黄河水资源管理领域新技术、新工艺和新材料的推广应用力度，通过建设示范工程、推广先进技术等方式，来提高黄河水资源管理的科技水平和效果。同时，还需加强对黄河水资源管理领域的人才培养和引进力度，通过制定并实施相关人才培养和引进政策等措施，为黄河水资源管理的科技创新与应用提供人才保障。此外，还应加强对黄河水资源管理领域的国际合作与交流力度，通过积极与国际先进国家和地区开展合作与交流，借鉴和学习国际先进经验及技术成果，来推动黄河水资源管理的科技创新与应用持续取得新进展和突破。

三、基于可持续发展的黄河水资源管理的问题和举措

（一）基于可持续发展的黄河水资源管理的问题

1. 黄河水资源分配不均与过度开发

黄河水资源的管理与保护已经成为全社会关注的焦点[①]。黄河水资源分布极不均衡，上游地区水资源相对丰富，而中下游地区则面临水资源短缺的困境。同时，由于历史原因和经济发展需求，黄河水资源在过去几十年中被过度

① 张维波．论黄河水资源管理保护与水生态文明建设［J］．工程建设与设计，2019（19）：270-271，280.

开发和利用，引发了水资源紧张、生态退化等严重问题。这种不均衡的分配和过度开发不仅影响了黄河水资源的可持续利用，也对沿岸地区的生态环境和经济发展造成了巨大压力。为了解决这一问题，需建立更加科学、合理的水资源分配机制，加强水资源管理和保护力度，以保障黄河水资源能够实现可持续利用。

2. 黄河水污染与水质改善

随着工业化、城市化进程加快，黄河沿岸地区的工业废水、生活污水等污染物排放量不断增加，导致黄河水质恶化，严重影响了沿岸居民的生活质量和生态环境。虽然政府已采取了一系列措施来加大黄河水污染治理力度，但由于污染源众多、治理难度大，黄河水质改善仍然面临严峻挑战。为了解决这一问题，需要加大水污染治理力度，提高污水处理能力和效率。同时，还需加强环境监管和执法力度，确保污水达标排放。此外，还需加强生态修复和保护工作，恢复黄河生态系统的自我净化能力。

3. 黄河水资源管理机制不健全

目前，黄河水资源管理涉及多个部门和地区，存在多头管理等问题。为了解决这一问题，需建立健全黄河水资源管理机制，明确各部门和地区的职责和权限，加强协调配合和信息共享。同时，还需加强监督和考核力度，确保各项管理措施得到有效执行。

4. 公众参与度低与水资源保护意识薄弱

公众是黄河水资源管理的重要参与者和受益者，然而，当前公众对黄河水资源保护的关注度偏低，参与度不高，还缺乏足够的水资源保护意识。这种现象不仅影响了黄河水资源管理的效果，也容易引发社会矛盾，滋生不稳定因素。为了解决这一问题，需加强公众教育和宣传力度，提高公众对黄河水资源保护的认识和意识。同时，还需建立公众参与机制，鼓励公众积极参与黄河水资源保护和管理活动，形成全社会共同关注、共同参与的良好氛围。

（二）基于可持续发展的黄河水资源管理的举措

1. 实施严格的水资源总量控制和定额管理制度

黄河水资源具有有限性，这就要求我们必须实施严格的水资源总量控制和定额管理制度。具体而言，需根据黄河流域的水资源状况和经济社会发展的需求，科学合理地确定流域内各区域、各行业的水资源使用上限，并严格监督执行。同时，通过制定和实施水资源定额管理制度，对不同行业、不同用户的水资源使用量进行精细化管理，确保每一滴水都能被高效、合理地利用。此外，还需加强水资源计量和监测体系建设，提高水资源管理的科学性和准确性。

2. 加强节水型社会建设，提高水资源利用效率

黄河流域水资源在经济社会发展和生态安全方面发挥着不可替代的作用①。节水型社会建设是实现黄河水资源可持续利用的重要途径。我们需通过加强节水宣传教育力度，提高公众的节水意识和节水技能；推广先进的节水技术和设备，降低各行业的水资源消耗；加强农业节水灌溉体系建设，提高灌溉水的有效利用系数；实行工业节水技术改造和循环经济模式，降低工业用水量等措施，全面提高水资源利用效率。同时，还需建立健全节水激励机制和约束机制，鼓励和支持节水行为，限制和惩罚浪费水资源的行为。

3. 加强黄河流域生态环境保护和治理

黄河流域的生态环境保护和治理是实现水资源可持续利用的重要保障。我们需采取加强水土流失治理、湿地保护和恢复、水源地保护等措施，改善黄河流域的生态环境质量。同时，还需加强水污染防治力度，严格控制工业废水、生活污水等污染源的排放，确保黄河水质的安全和稳定。此外，还需实施生态补水和水资源循环利用等举措，提高水资源的生态服务功能，促进黄河流域生态系统的健康和可持续发展。

4. 推动水资源管理体制和机制创新

推动水资源管理体制和机制创新是实现黄河水资源可持续利用的关键。我们需建立健全水资源管理法律法规体系，明确各级政府和相关部门在水资源管理中的职责和权限，加强部门间的协调配合和信息共享。同时，还需推动水资源管理方式的创新，如引入市场机制、建立水权交易制度等，促进水资源的优

---

① 崔敏，马凯．新形势下黄河水资源管理与调度浅析［J］．黄河·黄土·黄种人，2020（19）：38-39.

化配置和高效利用。此外，还需加强水资源管理的科技支撑和人才培养力度，提高水资源管理的科学化和智能化水平。通过这些创新举措的实施，可以推动黄河流域水资源管理的现代化和可持续发展。

第二节　黄河流域水权市场建设以及水资源的利用

一、黄河流域水权市场建设

（一）水权市场的概念

水权市场是实现水资源高效利用的重要途径之一①。首先，水权市场是指利用市场机制对水资源这种稀缺经济资源进行配置的活动。这种市场活动包括在流域上下游之间、不同区域之间、不同部门（或行业）之间的水交易。这些交易实质上就是市场经济活动，旨在通过市场机制优化水资源的配置，提高水资源的利用效率。在水权市场中，交易主体根据自身利益最大化的原则进行用水决策，决策结果可能是自行利用水资源，也可能是将节余的水权投入市场进行交易。其次，水权市场的交易客体是水权，这包括水资源的使用权、收益权等现实的权利，也可以是协议的、预期的用水权。投入市场交易的水权必须是明确的、受保护的、可分割的和可转移的。这表明，对于某项水资源，其使用权限、使用期限、优先次序、收益大小以及能否再次转让等权利束必须清晰明确，且受到国家法律保护。唯有如此，水权才能在市场上进行交易和转让。最后，水权市场的建立和发展需要政府的参与和监管。虽然市场机制在水资源配置中发挥着重要作用，但由于水资源的公共性和政治经济体制方面的原因，水权市场的完全市场化还存在部分障碍。因此，政府需通过政策扶持和法律保

① 徐鹤，王立明，祁秀娇，等．永定河流域水权市场建设框架浅析［J］．海河水利，2022（S1）：9-12.

护等措施来推动水权市场的发展。同时，政府还需对水权市场进行监管，确保市场的公平、公正和公开，以防止市场失灵和外部性问题产生。

（二）黄河流域水权市场建设的条件与原则

1. 黄河流域水权市场建设的条件

（1）水资源短缺与用水供需紧张。黄河流域水资源短缺，且用水需求日益紧张，这构成了推动水权市场建设的重要前提。受黄河流域地理和气候条件影响，水资源分布不均，加之沿岸地区对水资源的过度开发和利用，导致水资源短缺问题日益突出。同时，随着经济社会的发展和人口的增长，用水需求不断增加，使得水资源供需矛盾更加尖锐。这种严峻的水资源形势，促使沿岸地区开始探索水权交易，期望通过市场机制来优化水资源配置，提高水资源利用效率。因此，水资源短缺与用水需求紧张，为黄河流域水权市场的建设提供了迫切需求与强大动力。

（2）初始水权分配体系的建立。黄河流域初始水权分配体系的建立，为水权市场的建设提供了基本前提。初始水权分配是指按照一定的原则和方法，将水资源的使用权分配给各个用水户的过程。在黄河流域，通过政府主导和多方参与的方式，已经初步建立了初始水权分配体系，明确了各个用水户的用水权益和用水责任。这为水权市场的建设提供了清晰的产权基础，使得水权交易能够在明确的产权框架内进行，保障了交易的合法性和有效性。同时，初始水权分配体系的建立也为水权市场的监管和管理提供了依据与参考。

（3）水权转换试点的成功实践。黄河流域水权转换试点的成功实践为水权市场的建设提供了宝贵的经验和借鉴。在宁夏、内蒙古等省（自治区），已经开展了水权转换的试点工作，通过政府引导和市场机制相结合的方式，实现了水资源的优化配置和高效利用。这些试点工作的成功实践不仅验证了水权市场的可行性和有效性，还为水权市场的建设提供了具体的操作模式和经验借鉴。通过总结和推广这些试点经验，可以进一步完善黄河流域水权市场的建设，推动水权交易的规范化和市场化。

（4）政策法规的支持与保障。政策法规的支持与保障是黄河流域水权市场建设的重要保障。为了推动水权市场的建设和发展，国家和地方政府出台了一系列政策法规，明确了水权交易的基本原则、交易方式、监管措施等。这些政策法规为水权市场的建设提供了法律保障和政策支持，使得水权交易能够在合法、公正、透明的环境下进行。同时，政策法规的制定和实施也促进了水权市场的规范化发展，提高了水权交易的效率和公平性。通过不断完善政策法规体系，可以进一步推动黄河流域水权市场的健康发展。

2. 黄河流域水权市场建设的原则

（1）总量控制与公开、公平、公正原则。总量控制是黄河水权市场建设的首要原则。在黄河流域内，水资源的分配和使用，必须严格控制在国务院批准的《黄河可供水量分配方案》所规定的范围内，不得新增引黄用水指标。同时，水权市场的建设必须坚持公开、公平、公正的原则，确保水权转让信息的披露、水权转让操作的实施等程序公开透明，各方利益得到兼顾。在水权转让过程中，应充分尊重供水者和用水者、上游和下游、河流两岸用水者、当代人和后代人，以及其他用水者的利益，确保水权转让的公平性和合理性。

（2）政府宏观调控与市场机制有机结合原则。黄河流域具有“富能、稳粮、缺水”的资源禀赋特征[①]。黄河流域水权市场的建设需将政府宏观调控与市场机制有机结合。政府在水权市场建设中扮演着重要角色，需通过制定政策、法规和规划等手段，对水资源进行宏观调控和管理。同时，市场机制在水权市场中也发挥着关键作用，通过价格手段引导水资源向高效益用户流动，实现水资源的优化配置。政府应加强对水权市场的监管和指导，保障市场运作的规范性和有效性。同时，还应充分发挥市场机制在水资源配置中的决定性作用。

（3）工业和城市基本用水优先与用水效益优先原则。在工业和城市用水方面，应坚持基本用水优先的原则，确保工业生产和城市市政的基本用水需求得到满足。同时，还应注重用水效益优先原则，鼓励水资源向高效益用户流

① 刘钢，王慧敏，肖义，等．黄河流域跨省（区）水权交易制度建设策略研究［J］．中国水利，2023（5）：33-36.

动，提高水资源的利用效率。这就要求构建科学的用水效益评估体系，对不同用户的用水效益进行量化评估，并根据评估结果对水权进行分配和调整。通过将优先保障基本用水需求和注重用水效益相结合，能够实现水资源的可持续利用和经济社会的可持续发展。

(4) 鼓励节水与合理开发水资源原则。节水是黄河水权市场建设的重要原则之一。通过鼓励节水措施的实施，能够减少水资源的浪费和损失，提高水资源的利用效率。同时，还应注重合理开发水资源，确保水资源的开发利用契合可持续发展的要求。在开发水资源时，应充分考虑水资源的承载能力和生态环境的保护需求，防止过度开发，避免破坏生态环境。通过将鼓励节水和合理开发水资源相结合，能够实现水资源的可持续利用和对生态环境的保护。

（三）黄河流域水权市场建设的挑战和路径

1. 黄河流域水权市场建设的挑战

第一，水权法律性质不明确与水权交易制度不完善。水权作为水资源使用权与收益权等权利的集合，其法律性质在学术界和实践中仍存在争议。这种不明确性导致了水权交易在法律层面的不确定性和风险，影响了水权市场的健康发展。同时，黄河流域的水权交易制度尚处于探索和完善阶段，存在交易规则不明确、交易价格形成机制不合理、交易平台不完善等问题。这些问题限制了水权市场的活力和效率，使得水资源的优化配置难以通过市场机制来实现。

第二，水资源确权登记工作滞后与产权管理不到位。水资源的确权登记是建立水权市场的基础。然而，黄河流域的水资源确权登记工作相对滞后，导致水资源的产权归属不清晰，影响了水权交易的顺利进行。此外，水资源在产权管理方面还存在不足，如产权保护力度不足、产权流转不畅等，这些问题制约了水权市场的发育和成熟。

第三，水权交易市场主体单一与市场活力不足。目前，黄河流域水权交易市场主体以政府和企业为主，缺乏多元化的市场主体参与。这种单一的市场主体结构限制了市场的竞争性和活力，使得水权交易难以形成合理的市场价格和交易规模。同时，由于市场主体参与度不高，水权市场的信息流通和交易效率在一定程度上也受到了影响。

第四，水权市场监管机制不健全与交易风险较高。水权市场的健康发展，需要有效的市场监管机制予以保障。然而，目前黄河流域水权市场的监管机制尚不健全，存在监管主体不明确、监管手段单一、监管力度不够等问题。这些问题使得水权交易过程中存在较高风险和不确定性，如交易双方的违约风险、交易价格的波动风险等。这些风险不仅影响了水权市场的稳定性和可持续发展，也制约了水资源的优化配置和高效利用。

2. 黄河流域水权市场建设的路径

（1）明确水权分配与界定。黄河是中华民族的母亲河，是中华民族和中华文明生存发展繁荣的宝贵资源①。黄河流域水权市场建设的首要任务是明确水权的分配与界定。这包括确定水资源的所有权、使用权、转让权等，以及明确各级政府和用户在水资源使用中的权利和义务。需通过制定和完善相关法律法规，明确水权的法律地位和保护措施，为水权市场的建立提供坚实的法律基础。同时，还需建立水权登记和公示制度，确保水权的透明度和可追溯性，为水权交易提供清晰、明确的产权界定。在此基础上，能够探索和建立多元化的水权分配机制，如基于流域水资源总量控制的水权分配方案、基于行业用水效率和节水目标的分配方案等。这些方案应充分考虑黄河流域的自然条件、经济社会发展需求和生态环境保护要求，以确保水权分配的公平性和合理性。

（2）建立水权交易平台与机制。为了推动水权市场有效运行，需构建水权交易平台与机制。这包括建立水权交易信息系统，提供水权交易的信息发布、撮合、结算等服务；设立水权交易监管机构，监督水权交易的合法性和公平性；建立水权交易纠纷解决机制，为交易双方提供有效的争议解决途径。同时，还需推动水权交易市场的规范化发展，制定水权交易规则、交易价格形成机制等，确保水权交易公开、公正和透明。此外，还可探索建立水权交易的激励机制，如为节水型企业和个人提供水权交易优惠、为水权交易实施税收减免等，以激发市场主体的节水意识和交易积极性。

① 郭洁．绿色发展视角下的黄河流域区域水权交易机制研究［J］．现代营销，2022（8）：94-96.

（3）加强水资源管理与监管。黄河流域水权市场的建设，离不开加强水资源管理与监管。这包括完善水资源管理制度，加强水资源计量、监测和统计体系建设，提高水资源管理的科学性和准确性；加强水资源执法力度，严厉打击非法取水、超量取水等行为，维护水权市场的秩序和公平；加强水资源保护和生态修复工作，提高黄河流域的水资源承载能力和生态环境质量。同时，还需建立水资源管理的绩效考核和问责机制，将水资源管理纳入地方政府和相关部门的绩效考核体系，针对水资源管理不善、造成水资源浪费或污染的行为，进行问责和处罚。这些措施将有助于推动黄河流域水权市场的健康发展。

（4）推动水权交易市场的创新与拓展。为了促进黄河流域水权市场的持续发展和创新，需推动水权交易市场的创新与拓展。这包括探索建立跨区域、跨行业的水权交易机制，促进水资源的优化配置和高效利用；推动水权交易与金融、保险等行业的融合创新，为水权交易提供多样化的金融服务和风险保障；推动水权交易市场的国际化发展，吸引国内外投资者参与黄河流域水权交易，提高水权市场的国际化水平和影响力。同时，还需加强水权交易市场的信息化和智能化建设，利用大数据、云计算等现代信息技术手段，来提高水权交易的效率和便捷性。这些创新举措将有助于推动黄河流域水权市场的持续发展和创新升级。

二、黄河流域水资源的利用

（一）黄河流域水资源利用存在的问题

1. 水资源短缺与时空分布不均

黄河流域的水资源相对短缺，且时空分布极不均衡。黄河上游地区的降雨量呈明显下降趋势，导致黄河干流水位下降，进而影响下游地区供水。此外，黄河流域的降水主要集中在汛期，而用水需求最旺盛的时间却是非汛期，这种时间上的不均衡给水资源管理和利用带来了巨大挑战。同时，黄河水资源还存在地区间分布不均的问题，部分地区水资源相对丰富，而有些地区则严重缺水，加剧了水资源利用的紧张局势。

2. 水资源污染严重

黄河流域的水资源污染问题不容忽视。农业面源污染和工业废水排放是其主要污染源。在农业方面，农药与化肥、农用薄膜、焚烧的秸秆、牲畜粪便、农村生活垃圾等，这些污染物会通过降雨径流等途径进入河流，对水质造成污染。在工业方面，废水通常含有大量有毒有害物质，这些物质进入黄河后，会直接导致水质恶化，降低水体的整体质量。水资源污染不仅影响了居民正常用水，还对生态环境造成了严重破坏。

3. 水资源利用结构不合理

黄河流域的水资源利用结构存在不合理现象。一方面，农业用水占比过高，且用水方式粗放，导致水资源浪费严重。另一方面，工业用水也存在高耗水、低效益问题。此外，一些地区忽视水资源承载能力，违规建造人工水景观，进一步加剧了水资源利用的严峻形势。这种不合理的用水结构不仅降低了水资源的利用效率，还加剧了水资源短缺问题的产生。

4. 水资源管理制度不完善

黄河流域的水资源管理制度尚不完善，存在取水不规范、无证取水与超采等问题。部分地区水资源管理制度不健全，导致水资源开发利用缺乏有效的监管和约束。同时，水资源的统一配置和调度工作也面临困难，上下游、左右岸地区在水资源利用方面矛盾突出。此外，水资源评价和承载能力调查评估工作尚不完善，难以为水资源管理和利用提供科学依据。这些问题都制约了黄河流域水资源的可持续利用和发展。

（二）黄河流域水资源利用的对策

1. 加强水资源统一管理与调配

黄河流域水资源严重短缺，水资源利用效益直接关乎其生态保护和经济社会可持续发展①。黄河流域水资源的管理与调配是实现水资源高效利用的关键。首先，需建立健全流域水资源统一管理与调配的体制机制，明确各级政府

① 张永凯，孙雪梅．黄河流域水资源利用效益的时空演化分析［J］．开发研究，2023（2）：108-115.

和相关部门在水资源管理中的职责和权限，确保水资源管理的权威性和有效性。其次，需制定科学的水资源调配方案，根据流域内不同地区、不同行业的水资源需求，合理调配水资源，实现水资源的优化配置。再次，需加强流域内水资源的监测和预警工作，及时掌握水资源动态，为水资源管理和调配提供科学依据。此外，还需强化流域内水资源保护举措，防止水污染问题、遏制水资源过度开发行为，确保水资源得以可持续利用。

2. 推进节水型社会建设

节水型社会建设是提高黄河流域水资源利用效率的重要途径。要大力推广节水技术和节水器具，鼓励企业和个人采用先进的节水技术及设备，降低水资源消耗。同时，要加强节水宣传教育，提高公众的节水意识，形成全社会共同参与节水的良好氛围。此外，还要建立健全节水管理制度，对水资源使用情况进行严格的监管和考核，对浪费水资源的行为予以处罚，以此推动节水型社会建设深入发展。

3. 实施水资源有偿使用制度

实施水资源有偿使用制度是促进黄河流域水资源合理利用的重要手段。要建立健全水资源有偿使用制度，需明确水资源的使用权、转让权和收益权，从而推动水资源的商品化、市场化进程。通过实施水资源有偿使用制度，来引导企业和个人更加珍惜水资源，提高水资源的利用效率。同时，水资源有偿使用制度的实施，还能为水资源管理和保护提供资金支持，促进水利事业的可持续发展。

4. 加强科技创新与人才培养

科技创新和人才培养是推动黄河流域水资源高效利用的重要支撑。要加强水资源领域的科技创新，推进节水技术、水资源管理技术等方面的研发和应用，提高水资源利用的科技含量和效率。同时，要加强水资源领域的人才培养力度，培育出一批具有创新精神和实践能力的高素质人才，为黄河流域水资源的高效利用提供人才保障。此外，还要加强与国际先进国家和地区的交流与合作，引进先进的水资源管理经验和技术，推动黄河流域水资源利用的国际化进程。

第三节　黄河水权转换的探索

一、黄河水权转换的背景与意义

（一）黄河水权转换的背景

1. 黄河水资源供需矛盾突出

水是人类生存的生命线，是经济社会可持续发展的重要物质基础①。黄河作为中国的第二长河，是西北和华北地区最大的供水水源，对沿岸地区的经济社会发展起着至关重要的作用。然而，随着沿岸地区人口的增长和经济社会的发展，黄河水资源的供需矛盾日益突出。一方面，农业灌溉、工业用水和生活用水等需求不断增加；另一方面，黄河水资源总量有限，且受到气候变化、生态退化和人类活动等多重因素的影响，水资源供给能力不断下降。这种供需矛盾使得黄河水资源的合理分配和高效利用成为亟待解决的问题。

2. 用水结构不合理与水资源浪费

在黄河水资源利用过程中，存在用水结构不合理和水资源浪费问题。传统的农业灌溉方式耗水量大且效率低下，导致大量水资源被浪费。同时，工业用水和生活用水同样存在一定程度的浪费现象。这种不合理的用水结构和浪费现象加剧了黄河水资源的供需矛盾，使得水资源越发紧张。为了改变这一状况，需通过水权转换等方式，引导水资源向高效益、高效率用途转变，实现水资源的优化配置和高效利用。

3. 水权水市场理论的引入与实践

水权水市场理论是近年来兴起的一种水资源管理理论，它强调通过市场机制来实现水资源的合理配置和高效利用。在水权水市场理论的指导下，水利部黄

① 崔庆瑞，杨德生，韩娜，等．黄河下游水资源管理实践［M］．南京：河海大学出版社，2023.

河水利委员会等水利部门开始探索水权转换等新型水资源管理方式。通过引入市场机制，鼓励用水户之间进行水权交易，实现水资源的优化配置和高效利用。这种实践不仅有助于缓解黄河水资源的供需矛盾，还促进了水资源的节约和保护。

4. 政策推动与法规保障

为了推动黄河水权转换等新型水资源管理方式的实施，国家和地方政府出台了一系列政策法规。这些政策法规为黄河水权转换提供了法律保障和政策支持，使得水权转换能够在合法、公正、透明的环境中开展。同时，政策法规还规定了水权转换的基本原则、程序和要求等，为水权转换的实践提供了指导和规范。在政策法规的推动下，黄河水权转换等新型水资源管理方式得以顺利实施，并取得了一定成效。

（二）黄河水权转换的意义

1. 优化水资源配置，提高利用效率

黄河水权转换通过整合和调整黄河流域原有的不合理用水行为、优化相关机构设置，实现了水资源更加合理有效的配置。这一转换不仅有助于解决黄河流域水资源短缺问题，还能显著提高水资源的利用效率。通过水权转换，可以将水资源从低效益用途调配至高效益用途，如从农业灌溉领域转向工业和城市用水领域，从而实现水资源的最大化效益。这种优化配置不仅有助于满足经济社会发展的用水需求，还能促进水资源的可持续利用。

2. 改善生态环境，维护生态安全

黄河水权转换在优化水资源配置的同时，也注重生态环境的保护和恢复。通过从源头控制污染、防治水土流失、保护湿地等措施，黄河水权转换有助于降低对生态环境的负面影响，维护生态安全和生态平衡。这一转换不仅有助于改善黄河流域的生态环境质量，还能为黄河流域的可持续发展提供有力保障。

3. 促进区域经济发展，提高社会经济效益

黄河水权转换不仅有助于解决水资源短缺问题，还能促进区域经济发展。通过水权转换，能够为拟建工业项目提供生产用水，解决水资源紧张地区为水所困的“瓶颈”问题。同时，水权转换还能拓展节水融资渠道，将单纯依靠

国家或地方政府解决灌区节水工程投资转变为多渠道融资。这些措施不仅有助于推动黄河流域的经济发展，还能提高社会经济效益，为黄河流域的可持续发展注入新的动力。

二、黄河水权转换的特点和实施条件

（一）黄河水权转换的特点

1. 政府主导下的权利转换

在黄河水权转换的过程中，政府扮演着至关重要的角色。政府不仅是市场的宏观调控者和监管者，还是市场的直接推动者和参与者。这种政府主导下的权利转换模式，保障了水权转换的规范性和有序性。政府通过制定政策、法规和指导意见，明确了水权转换的条件、程序和监管要求，为水权转换提供了法律保障和政策支持。同时，政府还通过设立试点项目、提供资金和技术支持等方式，积极推动水权转换的实践和探索。

2. 两权分离的思路

黄河水权转换采用“两权分离”的思路，即国家持有水资源所有权，将水资源的使用权赋予用水户。这种思路明确了水资源的产权归属，为水权转换提供了清晰的产权基础。在此基础上，用水户可根据自身需求和实际情况，通过市场交易的方式获取或转让水资源使用权，实现了水资源的优化配置和高效利用。

3. 转换期限的明确规定

黄河水权的转换存在期限，通常设定为 25 年。明确这一转换期限，既保障了水权转换的稳定性和可持续性，又避免了因转换期限过长而带来的不确定性和风险。同时，转换期限的设定也考虑了水资源的可再生性和生态环境的保护需求，确保了水权转换与水资源管理和环境保护的协调发展。

（二）黄河水权转换的实施条件

1. 明确的水权界定与初始分配

黄河水权转换的首要条件是明确的水权界定与初始分配。这包括确定黄河水资源的所有权、使用权以及转换权等，并明确各级政府和用户在水资源使用中的权利及义务。初始水权的分配应基于公平、公正和可持续的原则，充分考虑黄河流域的自然条件、经济社会发展需求和生态环境保护要求。同时，还需建立水权登记和公示制度，确保水权的透明度和可追溯性。只有在水权界定清晰、初始分配合理的基础上，才能进行有效的水权转换。

2. 完善的法律法规与政策支持

黄河水权转换需要完善的法律法规与政策支撑。政府应制定和完善相关法律法规，明确水权转换的法律依据、程序和要求，为水权转换提供法律保障。同时，政府还应出台相关政策，鼓励和支持水权转换的开展，如提供财政补贴、税收优惠等激励措施。此外，还需建立水权转换监管机制，确保水权转换的合法性和公平性，防止水资源的滥用和浪费。

3. 节水工程与技术措施的实施

节水工程与技术措施的实施是黄河水权转换的重要条件。通过建设节水工程，如渠道衬砌、管道输水、喷灌滴灌等，能有效减少水资源的浪费和损失，提高水资源的利用效率。同时，采用先进的节水技术和管理措施，如智能灌溉、精准施肥等，还能进一步降低农业用水的消耗，为水权转换提供更多的节水空间。这些节水工程和技术措施的实施，不仅有助于保障农业生产的正常进行，还能为工业和城市用水提供更多的水资源。

4. 水权转换双方的协商与自愿

黄河水权转换的成功实施，还需水权转换双方进行协商且出于自愿。水权转换的出让方和受让方应基于平等、自愿的原则进行协商，明确水权转换的条件、期限、费用等具体内容。同时，双方应签订正式的水权转换协议，明确各自的权利和义务，确保水权转换的合法性和有效性。在水权转换过程中，政府应发挥引导和监督作用，确保水权转换的顺利进行和公平交易。此外，还需建立水权转换的信息公开透明机制，及时向社会公布水权转换的相关信息，增强公众的参与度和信任度。

三、黄河水权转换的具体操作

（一）水权转换的申请与审批流程

水权转换的双方需向自治区水行政主管部门提出书面申请，并提交相关材料，包括出让方的取水许可证复印件、水权转换双方签订的意向性协议、水权转换可行性研究报告、建设项目水资源论证报告书等。自治区水行政主管部门收到申请后，会对申请材料进行全面审查，并报送水利部黄河水利委员会进行审批。审批通过后，转换双方需正式签订《水权转换协议》，且制定《水权转换实施方案》，并报送水利部黄河水利委员会和自治区水行政主管部门进行备案。这一流程确保了水权转换的合法性和规范性。

（二）节水工程的实施与验收

水权转换通常涉及节水改造工程，节水改造工程的建设和管理需严格按照国家基本建设程序要求执行。节水工程的项目法人负责组织设计与施工的招投标工作，并在规定的时间内按照质量要求完成工程建设。节水工程竣工后，由水利部黄河水利委员会和自治区水行政主管部门等有关部门进行验收。验收合格后，水权转换双方方可办理取水许可等相关手续。这一执行环节保障了节水工程的有效性和水权转换的顺利实施。

（三）水权转换费用的确定与支付

水权转换费用的确定应体现水价形成机制，并按照市场经济规律实现转换双方经济发展“多赢”目标。水权转换总费用包括水权转换成本和合理收益，具体涵盖节水工程费用、节水工程运行维护费、节水工程更新改造费用、因不同用水保证率而带来的风险补偿，以及必要的经济利益补偿和生态补偿等。在费用支付方面，受让方需按计划分期拨付节水工程建设费用至自治区水权转换项目办专用账户，并在正式签订协议后预付一定比例的建设费作为节水工程启动资金。这一机制保障了水权转换的经济可行性，实现了费用的合理分担。

（四）水权转换的监督与管理

在水权转换过程中，各级人民政府及水行政主管部门需加强领导、明确职责，正确引导水权转换工作，强化对投资的监督。同时，需建立由水利厅牵头，各部门和相关政府监管机构参与的综合协调监督管理机构，负责协调管理工作。此外，还需完善政策法规，加强执法力度，建立水权转换补偿机制，并根据“谁用水、谁投入，谁受益、谁补偿，谁开发、谁维护”的原则进行补偿。这一体系确保了水权转换的合法合规性和监督管理的有效性。

第四节　黄河下游引黄供水管理的问题与对策

一、黄河下游引黄供水管理存在的问题

（一）水资源供需矛盾突出

引黄供水作为黄河主管部门的一项重要职责，不仅承担着黄河防汛与灌区引水的双重重任，也是弥补事业经费不足的重要途径，更是沿黄地区经济社会可持续发展的基础保障①。黄河下游地区的水资源供需矛盾日益凸显，成为制约该地区经济社会发展的重要因素。随着人口的不断增长和经济的快速发展，农业、工业以及居民生活对水资源的需求急剧增加。特别是在农业生产中，灌溉需求占据了水资源消耗的主要部分，而工业化和城市化进程中的工业用水和生活用水需求也在不断攀升。然而，黄河水资源本身有限，加之自然条件的制约，其时空分布极不均衡，使得水资源的供需矛盾越发突出。在枯水年和连续枯水年，黄河下游地区的水资源短缺问题尤为严重。由于降水量减少和上游来水量不足，黄河下游的径流量大幅减少，导致供水安全受到严重威胁。这不仅影响了农业生产的正常进行，也给工业生产和居民生活带来了极大的不便。同时，水资源短缺还加剧了生态环境的恶化，湿地萎缩、河流断流等现象频发，严重影响了生态系统的平衡和稳定。因此，加强黄河下游地区水资源的管理和利用，实现水资源的可持续发展，已成为当务之急。

（二）水质污染问题严重

黄河下游地区的水质污染问题，已成为一个不容忽视的严峻挑战。随着工

① 马江林，赵千子．黄河下游引黄供水管理存在的问题及对策［J］．山东水利，2024（5）：68-70.

业化进程的加速和农业生产规模的扩大，大量的工业废水、农业面源污染以及生活污水被排放到黄河中。这些污染物不仅含有大量的有害物质，还携带大量的营养盐，致使水质恶化，严重威胁着供水质量和生态环境。工业废水中的重金属、有机物等污染物，对水生生物造成毒害，破坏水生生态系统，同时，这些污染物还可能通过食物链累积，最终影响人类健康。农业面源污染同样不容忽视，农药、化肥的过量使用，导致大量氮、磷等营养物质随雨水径流进入黄河，引发水体富营养化现象。这导致藻类大量繁殖，消耗水中氧气，致使水质恶化，严重影响水生生物的生存。此外，生活污水的无序排放，也加剧了黄河下游地区的水质污染问题。这些污水含有大量的有机物、氮、磷等污染物，若不经过有效处理便直接排放，将严重破坏水体的自净能力，对生态环境造成长期影响。因此，加强对黄河下游地区的水质保护，减少污染物排放，提高污水处理能力，已成为保护黄河水资源、维护生态环境的重要任务。

（三）水资源管理法规不完善

黄河下游引黄供水管理方面的法规体系目前仍面临诸多挑战，其中法规体系问题最为突出。例如，在水资源的开发利用、水质保护、水量分配以及违法行为的处罚等方面，均缺乏具体、明确的法规依据。这种法规缺失的情况，使得在水资源管理过程中容易出现漏洞和空白。因此，加强黄河下游引黄供水管理方面的法规建设，提高执法力度和效果，已成为当前亟待解决的问题。

二、黄河下游引黄供水管理的对策

（一）加强引黄涵闸及渠系设施的维护与管理

黄河下游引黄涵闸是引水灌溉和供水的重要设施，其运行状况直接影响引黄供水的效率和稳定性。因此，应定期对涵闸进行检修和维护，确保其处于良好的工作状态。同时，要加强渠系设施的维护和管理，包括清理渠道淤积、修复破损渠道等，以提高渠系输水能力和效率。建立引渠清淤长效运行机制，对闸前闸后渠道进行及时清淤，保持渠道应有的输水输沙能力。

（二）优化水资源配置与调度

黄河下游水资源有限，应根据不同用水需求合理配置和调度水资源。在保障农业灌溉用水的同时，也要兼顾工业、生活和生态用水需求。通过修建调蓄水工程，如平原水库等，来增强受水区用水调控能力，实现水资源的时空优化配置。引入先进的水资源管理系统和技术手段，如智能调度系统等，提高水资源管理的科学性和精细化水平。

（三）推广节水灌溉技术和提高用水效率

黄河下游农业灌溉用水量大，是水资源消耗的主要领域之一。因此，应大力推广节水灌溉技术，如滴灌、喷灌等，减少灌溉过程中对水资源的浪费。农田节水灌溉技术是改善种植条件的重要技术，既满足了农作物的用水需求，还节约了水资源①。通过改进灌溉方式和提高灌溉效率，实现农业用水的节约和高效利用。同时，还应加强工业和生活用水节水管理力度，推广节水器具和节水技术，提高全社会的用水效率。

（四）完善水权制度和加强法规建设

明确黄河水资源的权属关系和管理责任，建立健全水权制度，为水资源的合理配置和高效利用提供制度保障。应加强相关法规建设，制定和完善引黄供水管理的法律法规和政策措施，规范引黄供水行为和管理流程。还应对违法违规行为加大查处力度，维护良好的引黄供水秩序和水资源环境。

第五节　黄河水量调度问题与管理系统的建设

一、黄河水量调度的具体问题

（一）水资源短缺与供需矛盾

黄河的水资源相对短缺，尤其是在枯水年份。随着黄河流域经济社会的发展和人口的增长，对水资源的需求不断增加，导致供需矛盾日益突出。在水量调度过程中，如何在合理分配有限的水资源，满足各地区、各行业需求的同

① 霍凤飞．北方农田节水灌溉技术要点分析［J］．河北农业，2024（5）：35-36.

时，还能保障生态安全，成为一个亟待解决的问题。此外，由于黄河上中游来水量总体稍显不足，花园口水文站天然径流量较正常来水年份偏少，使得水资源短缺问题更加严峻。

（二）水量调度方案的科学性与灵活性

黄河水量调度需制定科学、合理的调度方案，以确保水资源的有效利用和对生态环境的保护。然而，在实际操作过程中，由于水文预报存在不确定性、流域内用水需求呈现多样性和变化性，使得水量调度方案的科学性和灵活性面临挑战。如何根据实时水文数据、用水需求和生态环境保护要求，及时调整和优化水量调度方案，成为一个重要问题。

（三）支流调度与干流调度的协调

黄河流域内支流众多，支流的水量调度对干流的水量调度具有重要影响。然而，在实际操作过程中，支流调度与干流调度之间的协调仍存在困难。一方面，支流的水量调度受到地方利益、用水需求和水文条件等多种因素的影响；另一方面，干流的水量调度需从全流域的需求和生态环境保护要求出发进行统筹考量。因此，如何实现支流调度与干流调度的有效协调，成为一个亟待解决的问题。

（四）水量调度的监管与执行

黄河水量调度的监管与执行是确保调度方案有效实施的关键。然而，在实际操作过程中，监管机制不完善、执行力度不够等导致水量调度的监管与执行存在困难。一方面，需建立健全监管机制，加强对水量调度过程的监督和检查；另一方面，需提高执行力度，确保调度方案和计划的有效实施。此外，还需加强与其他相关部门的协调和配合，形成合力，共同推动黄河水量调度的顺利开展。

二、黄河水量调度管理系统的建设

（一）黄河水量调度管理系统建设的内容

1. 信息采集系统建设

信息采集系统是黄河水量调度管理系统的基础。它负责实时、准确地采集黄河干流和支流的水量、水质、气象等相关信息。这一系统涵盖引黄涵闸远程自动化监控、低水测验设施建设、气象卫星综合应用系统引进，以及水质测验设施建设等内容。通过水位传感器、闸位传感器、无线电发射电台等设备，实现对黄河干流和支流河道、水库、引黄灌区，以及重要引退水口的水量、水质的实时监测和监控。同时，为了应对突发的水污染事故，该系统还配备了移动实验室，以快速采集和处理水质信息。

2. 总调度中心建设

总调度中心是黄河水量调度管理系统的核心。它承担着监视全河水情、雨情、旱情、引水信息的职责，实施引黄涵闸远程监控，处理各类水调业务，进行方案编制、决策和全河水量调度。总调度中心建设涵盖大屏幕系统、电子模拟屏等先进设备，能实时显示黄河水量调度所需的各类信息，为决策者提供可视化的决策依据。此外，总调度中心还配备了完善的计算机网络系统和数据存储管理系统，以确保信息的实时传输和处理。

3. 决策支持系统建设

决策支持系统是黄河水量调度管理系统的关键组成部分。它基于先进的信息技术和决策支持理论，为水量调度提供智能化的决策支持。决策支持系统包括水量调度信息服务、水量调度业务处理、运行实况监视、水量调度方案管理、综合数据库、模型库和专家经验库等子系统。这些子系统能够实现对黄河水量调度运行实况的综合监视和查询，为水量调度作业提供决策支持，提高水量调度工作的效率和现代化水平。

4. 系统集成与测试

黄河水量调度管理系统建设还需开展系统集成与测试工作。系统集成是将信息采集系统、总调度中心、决策支持系统等组成部分进行有机整合，形成一个完整、高效的水量调度管理系统。测试工作则是对系统进行全面的功能和性能测试，确保系统能够满足设计要求，并具备稳定、可靠、安全的运行能力。通过系统集成与测试，能够确保黄河水量调度管理系统可以顺利投入使用，并为黄河水资源的可持续利用提供有力保障。

（二）黄河水量调度管理系统建设的成果

第一，实现了黄河水资源的统一调度和有效管理。黄河水量调度管理系统通过集成信息采集、通信、计算机网络、决策支持等技术手段，实现了对黄河干流和主要支流河道、水库、引黄灌区，以及重要引退水口的水量、水质的实时监测和监控。这一系统为黄河水资源的统一调度提供了科学依据，使得水资源管理更加精准和高效。通过系统的运行，确保了黄河水资源的合理分配和有效利用，避免了水资源的浪费和过度开发，为黄河流域的可持续发展提供了有力保障。

第二，显著提高了黄河水资源的利用效率。黄河水量调度管理系统通过科学的水量调度和配置，使黄河水资源得以更充分地利用。在保障城乡居民生活和工农业生产供水安全的同时，该系统还积极支持了沿黄地区的农业灌溉、工业生产和生态补水等需求。系统的优化调度，减少了水资源的浪费，提高了水资源的利用效率，为黄河流域的经济社会发展提供了有力支撑。

第三，有效改善了黄河生态系统的健康状况。黄河水量调度管理系统在建设过程中，充分考虑了生态保护和修复的需求。通过系统的运行，实现了对黄河生态系统的有效保护和修复，改善了河流水质和生态环境。例如，系统通过向乌梁素海、河口三角洲等重要生态区域实施生态补水，助力当地水生态环境的修复和改善。同时，系统还加强了对重点支流和主要控制断面的生态流量监管，确保了河流生态系统的健康稳定。

（三）黄河水量调度管理系统建设的影响

1. 显著提升水量调度控制能力

黄河水量调度管理系统通过引入先进的远程监控、监测和管理技术，实现了对黄河干流、年度水量以及下游引黄水闸引水的远程控制。该系统能实时采集、计算和记录多种水文信息及引水量，对闸前、闸后、闸室图像以及相关数据进行全方位监测。这些功能的实现极大地提高了水量调度的精确性和及时性，使调度人员能够根据实时数据做出更为科学的决策，从而显著提升水量调度的控制能力。

2. 有效增强黄河防断流能力

黄河水量调度管理系统的运用，有效增强了黄河的防断流能力。通过统一调度和科学管理，该系统能够确保在枯水期或水资源紧张的情况下，优先保障下游地区的生态用水和居民生活用水需求。这不仅有助于维护黄河生态系统的稳定，还保障了流域内居民的正常生活和经济活动的顺利开展。此外，该系统还能根据实际需求，灵活调整水量分配方案，以适应不同季节和气候条件下的水资源需求变化。

3. 推动黄河治理决策的科学化和信息化

黄河水量调度管理系统的建设，推动了黄河治理决策的科学化和信息化进程。该系统通过集成多个业务应用系统，如“小浪底水情自动测报系统”等，形成了系统的黄河防汛减灾、水量调度、工程建设与管理等多方面的信息平台和信息链。这使得黄河管理与决策方案以丰富、全面的信息为基石，增强了黄河治理的宏观把握能力和科学决策水平。此外，该系统具备的信息化特性，让数据共享和传输变得更为便捷，提高了工作效率，加快了响应速度。

第六章　黄河流域水资源环境的监测与保护

黄河流域水资源环境的监测与保护管理至关重要。多泥沙水质自动监测站的应用，为黄河水资源保护提供了重要技术支持，实现了全天候、不间断的水质监测。ZigBee 技术在黄河水环境污染应急监测中发挥了关键作用。氨氮在线仪在黄河水环境监测中的运用探索，有助于及时发现和解决水污染问题，保障水质和生态环境。流域主体功能的优化与黄河水资源再分配，是实现水资源可持续利用的重要途径。它通过构建多目标优化模型，实现了水资源在流域内各功能区的合理分配。针对黄河水污染问题，本书提出了加强污水处理、调整农业结构、推广节水灌溉等对策，旨在保护和改善黄河流域的生态环境。这些措施的实施，有助于推动黄河流域水资源的可持续利用和生态环境的可持续发展。

第一节　多泥沙水质自动监测站在黄河水资源保护中的应用

随着工业化、城市化的快速发展，黄河水质面临着前所未有的挑战。黄河特殊的地理环境和气候条件，尤其是其多泥沙、高浊度、高含沙量的水质特点，给水资源保护和管理带来了极大的困难。为了有效应对这些挑战，确保黄河水质的安全和稳定，多泥沙水质自动监测站的建设显得尤为重要。本书旨在详细探讨多泥沙水质自动监测站在黄河水资源保护中的应用，以期为相关领域的实践和研究提供有益参考。

一、在黄河水资源保护中多泥沙水质自动监测站的建设背景

（一）黄河水质的特点及其对监测的挑战

黄河水质的特点主要表现为多泥沙、高浊度、高含沙量。这些特点致使黄河水体不但在透明度上受到影响，还可能使其携带大量的污染物，如重金属、有机物等，对水质造成严重危害。泥沙的存在增加了水质监测的难度，因其会干扰监测仪器的正常工作，致使监测数据不准确。同时，泥沙还会影响水体的物化性质，使得监测结果难以准确反映水质的真实情况。因此，在黄河水质监测中，必须充分考虑泥沙的影响，采取有效的监测手段和方法。

（二）黄河水资源保护的需求

黄河是我国重要的水资源之一，其水质的好坏直接关系到沿河地区的经济发展和人民生活。随着经济社会的发展和人口的增长，黄河水资源承受的压力日益增大。为了保护黄河水资源，必须加强对水质的监测和管理，及时发现和解决水污染问题。多泥沙水质自动监测站的建设，正是为了满足这一迫切需求。通过实时、准确地监测黄河水质，可以为相关部门提供及时、可靠的数据支持，从而制定有效的水资源保护和管理措施①。

二、在黄河水资源保护中多泥沙水质自动监测站的建设目标与技术挑战

多泥沙水质自动监测站的建设目标是实现对黄河水质的高效、准确、实时监测。具体而言，就是要通过先进的监测技术和设备，对黄河水质中的各项参数进行连续测定，包括水温、pH 值、溶解氧、电导率、浊度、氨氮、总有机

① 冯艳红，张文婷，周银辉，等．水环境保护中基于多源光谱的水质自动监测方法［J］．农业开发与装备，2021（11）：135-136.

碳等。这些参数能够全面反映黄河水质的状况，为水质评价、污染预警和污染溯源等提供科学依据。同时，该监测还需排除泥沙对监测系统的干扰和影响，确保监测数据的准确性和可靠性。这就要求监测系统必须具备较强的抗泥沙干扰能力，能够保证长期稳定运行。

多泥沙水质自动监测站的建设面临诸多技术挑战。首先，水中的泥沙会造成监测系统的传感器和测试仪器的磨损和堵塞，影响监测数据的准确性和稳定性。这就要求监测系统必须具备较强的抗磨损和防堵塞能力。其次，泥沙还会改变水体的物化性质，使得监测结果难以准确反映水质的真实情况。这就要求监测系统必须能有效去除泥沙对监测结果的干扰。此外，黄河水质的变化具有复杂性和不确定性特点，这也给监测系统的设计和运行带来了极大的挑战。

三、在黄河水资源保护中多泥沙水质自动监测站的关键技术

（一）泥沙处理技术

泥沙处理是多泥沙水质自动监测站建设的关键技术之一。为了消除泥沙对监测系统的影响，必须采用有效的泥沙处理技术和设备。常见的泥沙处理技术包括沉淀、过滤、离心分离等。在实际应用中，需根据黄河水质的特点和监测需求，选择合适的泥沙处理技术和设备。其中，沉淀法是通过重力作用使泥沙颗粒沉降到容器底部，从而实现泥沙与水体的分离。该方法虽简单易行，但处理效率较低，适用于泥沙含量较低的水质。过滤法是通过过滤介质（如砂滤器、纤维滤器等）将水中的泥沙颗粒截留，从而实现泥沙与水体的分离。该方法虽处理效率较高，但需定期更换或清洗过滤介质，维护成本较高。离心分离法是利用离心力的作用，将水中的泥沙颗粒分离出来。该方法虽处理效率高，但设备复杂，能耗较高。

在黄河水质监测中，由于泥沙含量较高，单一的泥沙处理方法往往难以满足其需求。因此，可采用多种方法组合的方式进行处理。例如，可以先通过沉淀法去除大部分泥沙颗粒，再通过过滤法进一步去除细小颗粒。采用这种方法，既可以提高泥沙处理效率，又可以降低维护成本。

以黄河花园口水质自动监测站为例，该站采用了多级泥沙沉降—固液分离器—盘式过滤的新型技术路线。首先，该技术通过多级泥沙沉降装置去除水中的大部分泥沙颗粒；其次，利用固液分离器将剩余的泥沙颗粒与水体分离；最后，通过盘式过滤器进一步去除微小颗粒和悬浮物。这种技术路线有效地解决了泥沙对监测系统的干扰和影响，确保了水质自动监测站系统的正常运行。

（二）在线监测仪器

在线监测仪器是多泥沙水质自动监测站的核心设备之一。在线监测仪器需具备高精度、高稳定性、高灵敏度等特点，才能准确测量水质中的各项参数。同时，该仪器还需具备自动化、智能化等功能，能实现对监测数据的实时采集、处理和分析。

多参数水质分析仪是一种能够同时测量多种水质参数的仪器。它通常包括传感器、数据采集模块、数据处理模块等部分。其中，传感器用于检测水质中的各项参数（如水温、pH 值、溶解氧等），数据采集模块用于收集传感器的数据，数据处理模块则用于对数据进行处理和分析。多参数水质分析仪具有测量速度快、准确度高、操作简便等优点，是水质监测中常用的仪器之一。

总有机碳分析仪是一种用于测量水中总有机碳含量的仪器。它通过将水中的有机物氧化为二氧化碳，再通过测量生成的二氧化碳量，进而计算出总有机碳的含量。总有机碳是反映水质污染程度的重要指标之一，其在水质监测中发挥着重要作用。

氨氮在线监测仪用于测量水中氨氮含量。它通常采用离子选择电极法或分光光度法等原理进行测量。氨氮是水中常见的污染物之一，其含量过高会对水生生物和人类健康造成危害。因此，氨氮在线监测仪在水质监测中具有重要意义。

黄河花园口水质自动监测站引进了美国、法国、德国等国的先进技术和设备，包括 YSI6920V2-2 型多参数水质分析仪、Seres toc 分析仪等。这些仪器具有高精度、高稳定性、高灵敏度等特点，能够准确测量水质中的各项参数。同时，这些仪器还具备自动化、智能化等功能，能够实现对监测数据的实时采集、处理和分析。这为黄河水质监测提供了有力的技术支持，确保了监测数据的准确性和可靠性。

（三）数据处理与分析技术

数据处理与分析技术是多泥沙水质自动监测站的重要构成部分。由于黄河水质复杂多变，监测数据通常具有大量性、多样性和不确定性等特点。因此，必须对监测数据进行有效的处理和分析，才能提取出有价值的信息，为水质评价、污染预警和污染溯源等提供科学依据。

数据预处理技术是对原始监测数据进行清洗、整理、转换等操作的过程。运用数据预处理技术，能去除异常数据、填补缺失数据、转换数据格式等，从而提高数据的准确性和可用性。数据挖掘技术是从大量数据中提取有用信息的过程。通过数据挖掘，能发现数据中的规律、趋势和异常等，为水质评价、污染预警等工作提供科学依据。统计分析技术是对监测数据进行统计分析的方法。通过统计分析，能计算出各项参数的均值、方差、标准差等统计量，对数据的分布特征和变化规律进行评估。

在黄河水质监测中，数据处理与分析技术应用十分广泛。例如，可以利用数据挖掘技术发现水质中的异常变化，及时发出污染预警；可以利用统计分析技术评估水质的整体状况和变化趋势；还可以利用机器学习等方法建立水质预测模型，为水质管理提供科学依据。

四、在黄河水资源保护中多泥沙水质自动监测站的应用效果

（一）提高监测效率

多泥沙水质自动监测站的建设，标志着水质监测技术从传统的人工采样、实验室分析模式向自动化、智能化方向迈出了重要一步。黄河为多泥沙河流，水质状况复杂多变。传统的监测方式不仅耗时耗力，还受限于人力资源的分配，难以实现高频次、全方位的监测。相较之下，自动监测站利用先进的传感器技术和数据分析算法，能够连续不断地对水质进行实时监测，极大地提高了监测效率。具体而言，自动监测站能即时采集并处理水质数据，包括浊度、pH 值、溶解氧、氨氮、总磷等关键指标。这些数据通过无线传输技术被实时

上传至数据中心，供管理人员随时查阅和分析。这种即时反馈机制，使得水质变化能够被迅速捕捉，减少了因人工延误或操作不当而导致的监测误差，提高了监测结果的时效性和准确性。

（二）及时预警水污染

水污染是当前全球面临的严峻挑战之一，尤其是在河流流域，污染源的多样性和流动性使得水污染事件频发且难以预测。多泥沙水质自动监测站的建设，为及时发现并预警水污染事件提供了可能。通过连续监测水质参数，该系统能自动识别水质异常波动，如溶解氧急剧下降、氨氮或总磷浓度超标等，这些都是水污染的直接信号。一旦监测到异常数据，该系统便立即触发预警机制，并通过短信、邮件或 App 推送等方式向相关部门和责任人发送预警信息。同时它还能提供异常数据的详细分析报告，帮助决策者快速定位污染源，启动应急响应机制。这种快速响应能力，对遏制水污染事件的扩散、减少环境损害具有重要意义，也为后续的污染治理和生态修复工作赢得了宝贵时间。

（三）支持水资源管理决策

水资源管理是一项复杂而系统的工程，涉及水资源的开发、利用、保护和配置等多个方面。多泥沙水质自动监测站所提供的连续、准确的水质数据，为水资源管理提供了科学依据，增强了决策的针对性和有效性。一方面，通过对水质数据的长期跟踪和分析，可以揭示黄河水质的空间分布特征和时间变化规律，如季节性变化、区域差异等，为制定差异化的水资源管理策略提供了数据支撑。另一方面，基于水质数据的趋势预测，可以提前预判水质状况，为水资源调度、生态保护和水污染防治等工作提供前瞻性的决策依据。自动监测站的数据还可以与其他环境参数（如降雨量、流量、水温等）相结合，构建多维度的水资源管理系统，实现水资源的精细化管理和优化配置。这不仅有助于提升水资源的利用效率，还能有效保障水质安全，促进人与自然和谐共生。

五、在黄河水资源保护中多泥沙水质自动监测站的运行与维护

（一）运行管理

多泥沙水质自动监测站的运行管理，需建立一套完善的规章制度和操作流

程，以确保监测工作的规范化和标准化。首先，应制定详细的监测计划和任务分配方案，明确监测人员的职责和任务，确保各项监测任务有序进行。其次，应建立监测数据质量控制体系，包括数据采集、处理、存储和发布等各个环节的质量控制标准，以确保数据的准确性和可靠性。在技术支持方面，应引入先进的远程监控技术，实现对监测站的远程管理和故障排查，以降低现场维护的频次和成本。同时，还应建立数据共享平台，促进监测数据在不同部门之间的流通和共享，以提高数据的利用效率。

（二）维护保养

多泥沙水质自动监测站的维护和保养工作，是保证其长期稳定运行的关键。由于监测站通常都部署在户外，面临着恶劣的气候条件和复杂的水质环境，因此必须对其定期开展清洁、检查、调试和校准等工作。清洁工作主要在于去除传感器和采样装置上的泥沙、藻类和其他杂质，以保证传感器的灵敏度和准确性。检查工作则包括对电源、通信线路、传感器连接等硬件设施的完好性进行检查，以及对软件系统的运行状态的监控。调试和校准则是根据监测数据的质量反馈，对传感器进行必要的调整和优化，以保障监测数据的准确性。对于易损件和消耗品，如传感器、滤膜、试剂等，需按照使用说明和实际情况进行定期更换和维护，以延长设备的使用寿命和保持监测性能的稳定。同时，随着技术的不断进步，监测系统的软件和算法也需定期进行更新和升级，以适应新的监测需求和提高系统的智能化水平。

多泥沙水质自动监测站的运行与维护是一个系统工程，需多方面的努力与配合。通过建立健全的规章制度、引入先进的技术手段、加强维护保养工作等措施，可以确保监测站长期稳定运行，为水资源管理和生态保护提供有力的技术支持。

第二节　黄河水环境污染应急监测中的ZigBee技术

黄河的水质状况对生态环境和人民生活至关重要。然而，随着经济发展和人口增长，黄河水污染问题日益严重，给河流生态环境带来了巨大的压力。为了有效应对黄河水污染问题，需要实施高效的水污染应急监测技术。其中，ZigBee 技术作为一种低功耗、低成本且具有自组织特性的无线通信技术，在黄河水环境污染应急监测中有着广泛的应用前景。以下是对黄河水环境污染应急监测中 ZigBee 技术的详细论述。

一、ZigBee 技术概述

（一）ZigBee 技术的定义

ZigBee 技术是一种专为短距离、低功耗及低速率通信设计的无线通信技术。它尤其适用于那些对传输距离要求不高，但需要长期稳定且功耗极低电子设备之间的数据传输场景。例如，智能家居系统中的传感器、控制器和各类家电设备，均可利用 ZigBee 技术进行互联通信。ZigBee 技术的命名巧妙地借鉴了自然界中蜜蜂的行为特性。蜜蜂通过特有的“Z”形飞行轨迹，高效地通知同伴食物源的位置，这种协作方式既简单又有效。同样地，ZigBee 技术也能在短距离内实现信息的快速、可靠传递，为各种电子设备之间的互联互通提供了一种高效且节能的解决方案。ZigBee 技术凭借其独特的优势，在物联网、智能家居等领域得到了广泛应用，给人们的生活带来了更多便利和智能化体验。随着技术的不断发展，ZigBee 有望在更多领域展现出其巨大的应用潜力①。

① 刘磊 . ZigBee 联网技术多重智能防盗系统的研究与应用［M］. 合肥：合肥工业大学出版社，2022.

（二）ZigBee 技术的特点

1. 低功耗

ZigBee 技术的低功耗特性是其最为人称道的特点之一。该技术设备的发射功率仅为 1mW，远低于其他无线通信技术的功率水平。这一特点使得 ZigBee 设备在待机状态下能够保持极低的功耗，从而大大延长了电池的使用寿命。在实际应用中，这意味着用户可以长时间使用 ZigBee 设备而无须频繁更换电池，极大地提升了用户体验和设备的实用性。为了实现更低的功耗，ZigBee 技术还设有休眠模式。在不需要传输数据时，设备可以进入休眠状态，仅保留必要的电路进行监测，以便在接收到唤醒信号时迅速启动并恢复工作状态。这种智能的电源管理策略不仅进一步降低了功耗，还提高了设备的响应速度和整体性能。

2. 低成本

低成本是 ZigBee 技术的一个显著特点。该技术特点不仅体现在硬件设备上，还体现在软件协议和整体应用解决方案上。ZigBee 模块的初始成本相对较低，使得制造商能够更容易地将 ZigBee 技术集成到各种产品中。随着技术的不断成熟和普及，ZigBee 模块的成本有望进一步降低，从而推动更多应用领域的普及和发展。ZigBee 协议无须支付专利费用，这也大大降低了应用成本。对于开发者而言，无须支付额外专利费用便可使用 ZigBee 技术进行开发和部署，这大幅节省了其开发成本和时间。这一特点使得 ZigBee 技术在智能家居、工业自动化等领域得到了广泛的应用和认可。

3. 自组织性

ZigBee 网络的自组织性是其一大特点。ZigBee 设备能自动寻找并加入网络，形成互联互通的通信网络。这种特性使得 ZigBee 技术能够轻松应对复杂多变的网络环境，适应不同规模和应用场景的需求。在 ZigBee 网络中，每个设备均可作为节点而存在，并通过协调器进行管理和通信。当新的设备加入网络时，它会自动寻找并连接到最近的节点，从而快速融入网络体系。这种自组织的网络结构不仅提高了网络的灵活性和可扩展性，还降低了网络部署和维护的复杂性。

4. 高可靠性

ZigBee 技术采用了碰撞避免策略和完全确认的数据传输模式，确保了数据传输的可靠性和完整性。在数据传输过程中，ZigBee 设备会采用带有冲突避免的载波侦听多路访问算法，来避免数据传输冲突，从而提高数据传输的成功率。ZigBee 技术还采用了完全确认的数据传输模式。该传输模式是指，在发送数据时，接收方会向发送方发送确认信号以表明数据已成功接收。若发送方在一段时间内未收到确认信号，便会重新发送数据，直至成功接收到信号为止。这种机制确保了数据传输的可靠性和完整性，即使在复杂的网络环境中也能保持稳定的通信质量①。

二、ZigBee 技术在黄河水环境污染应急监测中的应用

（一）监测点布局与数据传输

黄河流域地域广阔，水质状况复杂多变。因此，需要在不同的地点设置监测点，以全面反映黄河水质状况。ZigBee 技术凭借其低功耗、低成本和自组织性等特点，在黄河水环境污染应急监测中能够实现监测点的灵活布局和高效数据传输。可在黄河沿岸的关键位置，如河流交汇口、工业排放口、城市污水排放口、农业灌溉区等，安装 ZigBee 传感器节点。这些传感器节点能够实时监测水质参数，如溶解氧、pH 值、浊度、重金属含量等，从而全面反映黄河水质状况。通过合理布局监测点，可以实现对黄河水质的全方位、多层次监测，为水质评估和污染预警提供可靠依据。ZigBee 传感器节点通过 ZigBee 网络，将监测数据实时传输到远程监控中心。ZigBee 网络具有自动寻找并加入网络的能力，使得监测点的布局更加灵活。同时，ZigBee 网络的低功耗特性也保证了传感器节点的长时间稳定运行，为持续监测提供了可靠保障。在数据传输过程中，ZigBee 技术采用跳频扩频等抗干扰技术，确保数据传输的稳定性和可靠性。此外，ZigBee 网络还支持多跳传输，即数据可以通过多个节点中继传输到远程监控中心，从而扩大了监测范围。

---

① 吴功宜，吴英．物联网接入技术与应用［M］．北京：机械工业出版社，2023.

（二）实时监测与预警

黄河水环境污染应急监测需实现对水质的实时监测和预警。ZigBee 技术通过其高效的数据传输能力和自组织性，能实现对监测数据的实时采集和传输，为预警系统提供及时、准确的数据支持。ZigBee 传感器节点能实时监测水质参数，并将监测数据通过 ZigBee 网络实时传输到远程监控中心。该监控中心可实时查看各监测点的水质数据，了解黄河水质的实时状况。通过实时监测，可以及时发现水质异常，为污染预警和应急处置提供有力支持。预警系统是黄河水环境污染应急监测的重要组成部分。ZigBee 技术凭借其高效的数据传输能力，为预警系统提供及时、准确的数据支持。当该监控中心监测到水质参数异常时，ZigBee 传感器节点会立即将异常数据通过 ZigBee 网络传输到远程监控中心。监控中心可根据预设的预警阈值和算法，对异常数据进行分析和处理，并及时发出预警信息。预警信息可以通过短信、邮件、电话等多种方式发送给相关人员，以便其及时采取措施以应对污染事件。

预警阈值的设置是预警系统的关键环节。根据黄河水质标准和历史数据，合理设置预警阈值，可确保预警系统的准确性和可靠性。同时，预警阈值还可根据水质状况的变化进行动态调整，以适应不同情况下的污染预警需求。预警信息推送是预警系统的重要功能之一。它通过短信、邮件、电话等多种方式，将预警信息及时推送给相关人员，以保证相关人员能及时了解到水质异常信息，并采取相应的应对措施。此外，预警信息还可与应急处置系统联动，实现预警信息的自动处理和应急处置流程的启动。

（三）数据处理与分析

黄河水环境污染应急监测产生的大量数据需进行处理和分析，以提取有用的信息并为决策提供支持。ZigBee 技术通过其高效的数据传输能力，将监测数据实时传输到远程监控中心，为数据处理和分析提供了丰富的数据源。数据预处理作为数据处理和分析的首要步骤，对监测数据进行清洗、去噪、归一化等处理，能提高数据质量和可用性。同时，数据预处理还能为后续的数据挖掘和分析提供基础。数据挖掘是数据处理和分析的重要手段之一。通过数据挖掘技术，能从大量监测数据中提取出有用的信息和模式，为水质评估和污染预警提供有力支持。例如，可利用关联规则挖掘技术，来发现水质参数之间的关联关系；利用聚类分析技术将水质数据划分成不同的类别；利用分类技术建立水质预测模型等。

人工智能技术在数据处理和分析中发挥着重要作用。该技术通过机器学习、深度学习等技术手段，可实现对监测数据进行智能分析和预测。例如，可利用支持向量机、神经网络等机器学习算法，来建立水质预测模型；利用深度学习技术实现水质参数的智能识别和分类等。这些技术的应用可以进一步提高数据处理和分析的准确性与效率。数据分析结果的呈现是数据处理和分析的重要环节。它通过图表、报告等形式将分析结果呈现给相关人员，可直观地了解水质状况和污染趋势。同时，相关人员还可根据分析结果来制定相应的污染防控策略和管理措施，为黄河水质保护和生态环境改善提供科学依据。

（四）应急响应与处置

在黄河水环境污染应急监测过程中，应急响应和处置是关键环节。ZigBee技术凭借其高效的数据传输能力和自组织性，能够实现对污染事件的快速响应和有效处置。应急预案是应急响应和处置的重要依据。应根据黄河水质状况和污染风险，制定合理的应急预案，明确应急处置的流程和措施。应急预案应包括污染源隔离、污染物清除、受影响区域疏散等措施，以确保污染事件发生时能迅速有效地进行应急处置。应急处置流程是应急预案的具体实施步骤。当监测到污染事件时，ZigBee 传感器节点会立即将异常数据通过 ZigBee 网络传输到远程监控中心。监控中心根据预警信息和污染事件的严重程度，启动相应的应急预案和处置流程。应急处置流程包括现场勘查、样品采集、实验室分析、污染源追踪等环节。通过 ZigBee 技术的高效数据传输能力，监控中心可以实时了解应急处置的进展情况和效果，并根据实际情况调整应急预案和处置流程。

应急资源调度是应急处置的重要环节。应根据污染事件的严重程度和应急处置需求，合理调度应急资源，如应急监测设备、应急处置人员、应急物资等。凭借 ZigBee 技术的数据传输能力可以实现应急资源的快速调度和有效配置，为应急处置提供有力支持。应急处置效果评估是应急处置的最后一步。通过对应急处置过程和结果进行评估，可以了解应急处置的成效和存在的问题，为后续的应急处置积累经验、汲取教训。同时，还可以根据评估结果对应急预案和处置流程进行完善与优化，进而提高应急处置的效率和准确性。

三、ZigBee 技术在黄河水环境污染应急监测中的未来发展方向

（一）加强监测设备的研发和创新

随着微电子技术的飞速发展，制造出微型传感器已成为现实。将微型传感器技术融入 ZigBee 监测设备，可实现设备的小型化、智能化。这些微型传感器具有体积小、功耗低、灵敏度高、响应速度快等特点，能够更准确地捕捉水质参数的变化。例如，通过集成 pH 值、溶解氧、浊度、重金属离子等多种传感器，ZigBee 监测设备可实现对黄河水质的全方位、多参数监测。ZigBee 技术本身具有低功耗、自组织、低速率、短距离通信的特点。然而，黄河水环境污染应急监测，往往需要实现远程数据传输和大规模网络覆盖等目标。因此，需要对 ZigBee 的无线通信技术进行优化，如提高通信速率、扩大通信距离、增强抗干扰能力等。此外，还可考虑将 ZigBee 与其他无线通信技术（如 Wi-Fi、4G/5G 等）进行融合，实现优势互补，提高监测数据的传输效率和可靠性。物联网技术是实现万物互联的关键技术。将 ZigBee 监测设备与物联网技术相结合，可构建出一个覆盖黄河全流域的水质监测网络。通过物联网平台，可实现对监测数据的统一收集、处理和分析，为水质监测提供强有力的技术支持。同时，物联网技术还可实现监测设备的远程管理和维护，从而降低运维成本。

（二）提高数据传输的稳定性和可靠性

ZigBee 网络通常采用星形、树形或网状拓扑结构。在黄河水环境污染应急监测中，需根据实际情况来选择合适的拓扑结构。例如，在监测点分布较为密集的区域，可以采用网状拓扑结构，以提高网络的稳定性和可靠性。同时，还需要对路由算法进行优化，以减少数据传输的延迟和丢包率。在黄河水环境污染应急监测中，监测设备常常要在复杂的环境下工作。因此，需采用抗干扰能

力更强的通信协议和传输方式。例如，可采用频分多址、时分多址等技术来提高数据传输的抗干扰能力。此外，还可考虑使用纠错编码、重传机制等技术来提高数据传输的可靠性。监测设备的性能和稳定性直接影响数据传输的质量与可靠性，因此需要加强监测设备的维护和保养工作。例如，定期对监测设备进行巡检和校准，确保设备的准确性和可靠性；对出现故障的设备进行及时维修和更换，确保监测工作的连续性和稳定性。

（三）加强监测网络的建设和完善

为了实现对黄河水质的全面监控和及时预警，需增加监测点的数量和密度。尤其是在污染源附近、水质变化敏感区域以及重要断面等关键位置，需要设置更多的监测点来捕捉水质参数的变化。增加监测点的数量和密度，可以确保监测数据全面反映黄河水质的变化情况。为了实现监测数据的实时传输和共享，需加强监测点之间的互联互通。一方面，需要建立覆盖黄河全流域的通信网络；另一方面，需要制定统一的数据传输协议和格式，以确保监测数据在不同监测点之间实现无缝传输和共享。此外，还可以考虑建立数据中心或云平台来集中存储和管理监测数据，以提高数据的可访问性和利用率。信息共享是实现监测数据有效利用的关键。黄河水环境污染应急监测需建立完善的信息共享机制。例如，可建立跨部门、跨地区的信息共享平台或系统，制定信息共享的标准和流程，加强与其他相关部门的沟通和协作等。通过完善信息共享机制，可确保监测数据能够及时、准确地传递给相关部门和决策者，为应急响应和环境保护提供有力支持。

ZigBee 技术在黄河水环境污染应急监测中具有广阔的应用前景和巨大的发展潜力。然而，要充分发挥其优势并推动其广泛应用和规范化发展，还需在监测设备的研发和创新、数据传输的稳定性和可靠性、数据处理与分析技术的研发和应用、监测网络的建设和完善，以及相关标准的制定与完善等方面进行深入研究和创新。相信 ZigBee 技术能为黄河水环境保护事业作出更大的贡献①。

① 丁丹丹，许艳芳．黄河水环境污染应急监测中 ZigBee 技术的应用研究［J］．环境科学与管理，2024（8）：129-134.

第三节　氨氮在线仪在黄河水环境监测中的应用探索

黄河的水质状况直接关联着沿岸居民的生产生活，以及整个生态系统的健康状态。氨氮是水质监测中的关键指标，一旦其浓度过高，就会引发水体富营养化问题，进而对生态系统的平衡造成影响。因此，利用氨氮在线仪对黄河水环境进行实时监测，有着极为重要的意义。

一、氨氮在线仪的工作原理

氨氮在线仪作为水质监测的重要工具，主要围绕氨气的检测展开，涉及化学反应、电化学传感以及数据处理等多个环节。其监测流程具体为：首先，从待测水体中采集样品，并通过适当的过滤或预处理步骤去除悬浮物、大颗粒杂质等，以保证后续检测的准确性。其次，向预处理后的样品中加入适量的 NaOH 溶液，此步骤的目的是将样品的 pH 值调节至高于 12 的水平。在这种碱性环境中，样品中的铵离子会发生化学转换，生成游离态的氨气。随后，游离态的氨气会通过一层半透膜。这层膜仅允许氨气分子透过，同时阻挡其他物质，以此确保检测的专一性。氨气进入氨气敏电极内部后，会与电极内的电解液发生反应，导致电解液的 pH 值发生变化。该变化与氨气的浓度直接相关，且呈线性关系。氨气敏电极是一种特殊的电化学传感器，其核心部分为一个能够响应 pH 值变化的玻璃电极。该玻璃电极通常与参比电极组合使用，进而形成电位差。当氨气与电解液反应引起 pH 值变化时，这一电位差也会随之改变，由此便能反映出氨气的浓度信息。氨氮在线仪的主机会接收来自氨气敏电极的电信号。它通过内置的计算程序，将电位差转换为对应的氨氮浓度值。这一过程涉及复杂算法，涵盖校准曲线的应用、温度补偿等，以确保测量结果的准确性和稳定性。最后，经处理的浓度数据会展示出来，并且可以根据需求进行记录、存储，或通过网络传输至远程监控系统①。

二、氨氮在线仪的应用背景

氨氮作为水体中常见的污染物之一，其含量直接反映了水体受到有机污染的程度，是评价水质状况的关键指标。在黄河的水环境监测中，氨氮在线仪的应用尤为重要。黄河流经多个省份，沿途接纳了大量工业废水、农业面源污染和城市生活污水等类型的污染源，导致水质状况复杂多变。实时监测能够及时发现水质异常，为管理部门提供快速响应的依据。黄河沿岸的工业、农业活动频繁，这些活动往往伴随氨氮等污染物的排放。氨氮在线仪能够连续监测水质中的氨氮浓度，帮助识别并追踪污染源，为制定有效的污染防控策略提供数据支持。黄河不仅是我国重要的水资源，也是生态系统的重要组成部分。氨氮在线仪的应用有助于保护黄河水质，维护其生态功能，保障水资源的可持续利用。随着国家对环境保护的重视，相关法律法规对水质监测提出了更高要求。氨氮在线仪的应用不仅有助于企业和政府部门遵守相关法规，还能保障公众饮用水的安全和健康。氨氮在线仪在黄河水环境监测中的应用，不仅是对水质进行科学管理的必要手段，也是保障生态环境安全、促进经济社会可持续发展的重要工具。

三、氨氮在线仪在黄河水环境监测中的具体应用

随着工业化、城市化进程的加快，黄河面临着越发严重的污染问题，其中氨氮污染尤为突出。因此，利用氨氮在线仪对黄河水环境进行实时监测与评估，对于保护黄河水质、维护生态平衡而言，具有重要意义。

（一）实时监测水质变化

氨氮在线仪能实时、准确地测量黄河水中的氨氮浓度，这是其最基本也是最关键的应用之一。黄河水质受到多种因素的影响，包括上游来水、沿途工农

① 张鹏，龙文昌，周武平，等．水产养殖业低成本氨氮在线监测仪的设计开发［J］．农业技术与装备，2023（6）：16-19.

业排放、城市生活污水等。这些因素一旦发生变化，就会导致黄河水中氨氮浓度的波动。通过氨氮在线仪的实时监测，水务部门或环保机构能掌握河流的水质动态，并及时发现水质问题。实时监测的优势在于能够迅速捕捉到水质变化趋势，从而为决策者提供及时、准确的信息。例如，当决策者发现氨氮浓度突然升高时，可以立即启动应急预案，调查污染源并采取措施进行治理。这种快速的响应机制对于防止水质恶化、保护水资源具有重要意义。实时监测还能为科学研究提供数据支持。通过长期、连续的数据收集，可以分析出黄河水质变化的规律和趋势，为制定更加科学、合理的环境保护政策提供依据。

（二）污染源监测

氨氮在线仪还可应用于污染源监测。黄河沿岸分布着大量的工农业企业和城市，这些地区产生的废水往往含有高浓度的氨氮。借助氨氮在线仪的监测，可以迅速发现潜在的污染源，如农业面源污染、工业废水排放、城市生活污水等。对污染源进行监测，有助于相关部门及时采取措施，控制并防止氨氮污染的扩散。一旦发现污染源，相关部门可以立即进行排查和治理，从而减少污染物对黄河水质的不良影响。同时，相关部门还可以对污染源进行长期跟踪监测，评估治理成效，确保黄河水质得到持续改善。在污染源监测中，氨氮在线仪的准确性和灵敏性至关重要。只有能够提供准确、可靠的测量数据，才能为决策者提供有力的支持。因此，在选择氨氮在线仪时，需关注其测量精度、响应时间、稳定性等性能指标。

（三）水质评估和监测

通过监测黄河水中氨氮的浓度变化，可以及时评估水体的健康状况。氨氮是反映水体富营养化程度的重要指标之一，其浓度过高会导致藻类大量繁殖，消耗水中的氧气，从而影响其他水生生物的生存。因此，通过监测氨氮浓度，可以判断黄河水体的富营养化程度，为环境管理者提供科学依据。在水质评估和监测工作中，氨氮在线仪的应用并非局限于实时测量，它还可以将测量数据与历史数据进行对比，分析水质变化的趋势和规律。这种长期、连续的监测有助于发现水质变化的潜在风险，为制定保护策略提供预警信息。此外，氨氮在线仪还可以与其他水质监测设备配合使用，以形成完整的水质监测体系。通过综合监测多种水质指标，可以更为全面地了解黄河水质的状况，为环境保护提供更加准确、全面的数据支持。

（四）预警和应急响应

氨氮在线仪的预警功能，是其在水环境监测中的重要应用之一。当监测到黄河水中氨氮浓度超过设定的阈值时，该仪器会自动发出预警信号，提醒相关部门采取紧急措施。这种预警机制有助于及时发现并应对水质突发事件，防止事态扩大。在应急响应中，氨氮在线仪能提供实时的监测数据，为决策者提供有力的支持。通过数据分析，决策者可以判断污染物的来源、扩散范围和影响程度，从而制定有效的应急措施。例如，可启动应急处理设施，对受污染的河水进行净化处理；也可采取临时性的截流措施，防止污染物继续扩散。此外，氨氮在线仪还可以为应急演练提供技术支持。该仪器通过模拟不同情境下的水质变化，可以检验应急响应机制的可行性和有效性，提高应对突发水质事件的能力。

四、氨氮在线仪在黄河水环境监测中的技术优势

氨氮在线仪作为一种现代化的水质监测设备，具备多种技术优势。这些优势使得氨氮在线仪在黄河水环境监测中能够发挥更加重要的作用。以下将详细论述氨氮在线仪的技术优势。

（一）高准确性

氨氮在线仪采用先进的检测技术，能够提供快速、准确的测量结果。这是其最基本也是最重要的一个技术优势之一。其高准确性的测量结果有助于及时发现水质问题，为决策者提供可靠的数据支持。氨氮在线仪的准确性主要得益于其先进的传感器和测量算法。传感器能够实时感知水中的氨氮浓度，并将其转换为电信号进行传输和处理。测量算法则根据传感器的输出信号进行计算和分析，得出准确的氨氮浓度值。通过不断优化传感器和测量算法，可以提高氨氮在线仪的测量精度和稳定性。

（二）实时监测

实时监测是氨氮在线仪的另一个重要技术优势。它能支持现场实时检测，

有助于快速响应水质变化。这对于及时发现并处理水质问题具有重要意义。实时监测的实现依赖于氨氮在线仪的自动化测量系统。该系统能自动采集水样，进行分析和测量，并将结果实时传输到数据管理系统。通过数据管理系统，能实时查看和分析测量结果，及时发现水质异常情况。实时监测还能为科学研究提供数据支持。通过长期、连续的数据收集和分析，可以揭示水质变化的规律和趋势，为制定更加科学、合理的环境保护政策提供依据。

（三）操作简便

现代氨氮在线仪设计人性化，便于操作和维护，非专业人员也能轻松上手，降低了操作难度和成本。操作简便主要体现在以下三个方面：一是界面友好。氨氮在线仪通常采用直观的操作界面和图形化显示方式，用户可以轻松了解仪器的运行状态和测量结果。二是智能化程度高。该仪器能自动进行校准、清洗和维护等操作，减少了人工干预的频率和难度。三是易于携带和安装。氨氮在线仪通常采用小型化、模块化的设计方式，用户可以便捷地携带和安装仪器，以满足不同场合的使用需求。

（四）自动化程度高

部分高端氨氮在线仪还支持自动采样和数据分析功能，进一步提高了测量的自动化程度。这种高度自动化程度的特性有助于降低人工误差，减轻劳动强度，提高测量效率和准确性。自动采样功能可让仪器在设定的时间间隔内自动采集水样并进行分析和测量。这不但可以节省人工采样的时间和成本，还可以确保采样的代表性和准确性。数据分析功能则能够对采集到的数据进行处理和分析，从而得出更为准确的测量结果和趋势预测。自动化程度高的氨氮在线仪还能实现远程监控和管理。通过远程通信技术，可以将仪器的测量数据实时传输至远程服务器或数据管理系统，便于用户进行远程监控和管理。这种远程监控和管理的方式可以进一步提高测量的效率和准确性，降低运营成本和人力成本①。

---

① 潘敏．氨氮在线监测仪的干扰因素与稳定性研究［J］．华东科技（综合），2019（8）：377-379.

第四节　流域主体功能优化与黄河水资源再分配

流域是一种典型的空间，是边界明确却又开放的自然地形空间系统。水资源是流域内最关键的基础性资源要素，其分配方式直接影响着流域的经济社会发展和生态保护。黄河流域作为我国的“母亲河”，其水资源的合理分配更是流域实现高质量发展的重要前提。然而，长期以来，黄河上中下游、流域两岸的开发过度，导致水资源总量不足。这深刻反映出流域内省区间水资源分配与流域主体功能总体优化方面存在治理问题。因此，从流域主体功能优化角度对水资源进行重新分配，是实现流域空间生态保护与可持续发展的新探索。

一、流域主体功能优化的理论基础

流域主体功能区规划是国土空间治理的核心组成部分，其重要意义在于为区域发展构建了一套科学、合理且长期有效的制度框架。该规划不仅基于国土空间的自然属性，如地形、气候、水文等，还充分考虑了人类活动对自然资源的影响，尤其是水资源的开发与利用方式。水资源，作为生命之源和经济发展的重要基石，其合理开发与高效利用直接关系到流域内的生态平衡、经济发展和社会福祉。

流域主体功能优化的理论基础，源于对水资源多功能性的深刻认识。水资源不仅具有饮用、灌溉、工业用水等基本功能，还承载着维持生态健康、促进生物多样性、调节气候等多重生态服务价值。因此，流域主体功能区规划需综合考虑水资源对经济、人口、生态三大主体功能的支撑作用，实现水资源在不同主体功能之间的合理配置与高效利用。在经济功能方面，水资源是农业、工业和服务业等多个经济部门的重要生产要素。合理的水资源分配，能保障农业灌溉，提高农业生产效率，促进工业用水循环利用，降低生产成本，同时也为旅游业等服务业提供必要的水资源支持，推动流域经济的多元化发展。在人口功能方面，水资源直接关系到居民的生活质量和健康水平。安全、充足的饮用水供应是维持人口稳定、促进社会和谐的重要前提。此外，水资源的合理管理还能改善城乡水环境，提升居民的生活品质。在生态功能方面，水资源的合理开发与利用对维护流域生态系统健康至关重要。通过恢复湿地、保护水源地、实施节水灌溉等措施，不仅能有效缓解生态退化、土地荒漠化等问题，还能保护生物多样性，提升流域整体的生态承载力。

为了实现流域主体功能优化，需建立科学的水资源评价体系，量化水资源对各主体功能的支撑作用。这包括评估水资源对经济增长的贡献率、对人口生活质量的改善程度以及对生态系统健康的维护能力等。在此基础上，通过政策引导、技术创新和公众参与等手段，推动水资源管理向更加精细化、智能化方向发展，实现水资源的高效配置和可持续利用①。

二、黄河流域水资源再分配的挑战

黄河流域，作为中国第二大河流，承载着厚重的历史文化底蕴和重要的生态安全功能。然而，随着经济社会的发展，黄河流域的水资源分配面临着前所未有的挑战。首先，水资源总量有限且时空分布不均，加之气候变化的影响，使得水资源供需矛盾日益突出。尤其是在干旱和半干旱地区，水资源短缺已成为制约经济社会发展的关键因素。与此同时，随着城市化进程的加快和人口的不断增长，工业、农业和生活用水需求持续攀升，进一步加剧了水资源的紧张局面。其次，黄河流域的生态环境问题同样不容忽视。长期的过度开发和不合理利用，致使生态破坏严重，土地荒漠化、湿地萎缩、生物多样性减少等问题频发，严重削弱了流域的生态服务功能。这些问题不仅对流域内的生态平衡造成影响，还对水资源的安全和可持续利用构成了威胁。

---

① 马涛，王昊，谭乃榕，等．流域主体功能优化与黄河水资源再分配［J］．自然资源学报，2021（1）：240-255.

三、流域主体功能优化的水资源再分配机制

流域作为水资源管理的基本单元，其主体功能的优化直接关系到水资源的合理利用和生态环境的可持续发展。为了实现这一目标，构建一套科学的水资源再分配机制极为重要。

（一）功能分析

功能分析是水资源再分配机制的基础。它要求我们对流域内各主体功能区进行功能需求的明确和分类，以确定各功能要素的重要性和关联性。功能分析步骤主要包括以下几个方面：首先，需对流域内的各个区域进行功能识别，如农业灌溉区、工业用水区、生活用水区、生态保护区等。这些功能区域在流域内扮演着不同的角色，对水资源的需求也各不相同。其次，在功能识别基础上，进一步分析各功能区域对水资源的需求量和需求特性。例如，农业灌溉区可能需要大量的季节性水资源，而工业用水区则可能更注重水资源的稳定性和水质。再次，根据需求分析结果，将各功能区域进行分类管理。对于对水资源需求量大、对水质要求高的功能区，应给予更高的优先级；而对于对水资源需求量小、对水质要求不高的功能区，则可以适当降低优先级。最后，在功能分类基础上，还需评估各功能区域之间的关联性。例如，农业灌溉区的过度用水可能会对下游的生态保护区造成影响，而工业用水区的污染排放也可能会对上游的生活用水区造成威胁。因此，在分配水资源时，需综合考量各功能区域之间的相互作用。

（二）空间优化

空间优化是水资源再分配机制的重要组成部分。它要求我们在功能分析的基础上，对主体功能区进行空间布局的优化设计，以实现功能要素之间的协调互补。空间优化步骤主要包括以下几个方面：首先，根据功能分类和需求分析结果，制定空间布局规划。将水资源集中利用区与生态环境保护区相结合，形成相互补充的空间结构。例如，可在水资源丰富的上游地区建立生态保护区，在下游地区则设置工业用水区和农业灌溉区。其次，在空间布局规划基础上，

设计水资源调配网络。通过建设输水管道、水库、泵站等设施，将水资源从集中利用区调配至各个功能区域。与此同时，还需考虑到水资源的循环利用和再生水资源的开发。再次，为了保护流域内的生态环境，可在各个功能区域之间建设生态廊道。这些廊道可作为动植物的迁徙通道和栖息地，有助于维护流域内的生物多样性。最后，为了确保空间优化的顺利实施，还需建立空间协调机制。这包括建立信息共享平台、加强部门之间的沟通与协作、制定相应的政策和法规等。

（三）生态修复

生态修复是水资源再分配机制中的关键环节。它要求我们利用生态工程手段，恢复并增强主体功能区的生态功能，提高生态系统的恢复力和稳定性。生态修复步骤主要包括以下几个方面：首先，在进行生态修复之前，需对流域内的生态环境进行详细的调查和评估。这包括了解生态系统的类型、分布、健康状况以及面临的威胁等。其次，根据生态调查和评估结果，设计生态修复方案。这些方案包括湿地恢复、植被重建、水土保持等措施。与此同时，还需考虑生态修复的成本效益和可持续性。再次，在方案设计的基础上，实施生态修复工程。这包括建设湿地保护区、恢复植被覆盖、实施水土保持工程等。与此同时，还需加强生态修复工程的监测和评估工作，以确保其效果符合预期。最后，为了激励和保护生态修复工作的实施者，可建立生态补偿机制。这包括对生态修复工程的投入进行补贴、对生态保护成效显著的区域给予奖励等措施。

（四）产业调整

产业调整也是水资源再分配机制的重要方面。它要求我们根据功能需求和资源禀赋，调整主体功能区产业结构，从而实现经济效益和生态效益的统一。产业调整步骤主要包括以下几个方面：首先，根据功能需求和资源禀赋，对流域内的产业结构进行调整。例如，在水资源短缺的区域，可以优先发展节水型农业和工业；在生态环境敏感的区域，则可以发展生态农业和绿色产业等。其次，为了降低产业对水资源的消耗和污染，需大力推广水资源高效利用技术，这包括节水灌溉技术、工业废水处理技术、水资源循环利用技术等。再次，通过制定产业政策、税收优惠等措施，引导企业向节水、环保方向发展。与此同时，还需加强对企业的监管和执法力度，保证企业严格遵守相关法律法规和标准。最后，在产业结构调整过程中，还需注重产业之间的协同发展。通过强化产业链上下游之间的合作与协调，实现资源的优化配置和共享利用。

四、黄河流域水资源再分配模型的构建与应用

黄河流域是我国重要的水资源管理区域，其水资源的合理分配和优化配置，对促进流域内经济社会可持续发展和改善生态环境具有重要意义。为了实现这一目标，需构建一套科学的水资源再分配模型。

（一）确定目标函数

在构建黄河流域水资源再分配模型时，需先确定目标函数。根据黄河流域水资源分配原则，目标函数应包含三个子目标：生产功能子目标、生活功能子目标和生态功能子目标。这些子目标应相互协调、共同实现流域主体功能的优化。具体而言，一方面，该模型应确保流域内农业、工业等生产活动的水资源需求得到满足，同时还应提升水资源的利用效率。另一方面，应保障流域内居民的基本生活用水需求，提高居民的生活质量和幸福感。此外，还应保护流域内的生态环境，维护生态系统的稳定性和多样性，促进人与自然和谐共生。

（二）建立约束条件

在构建该模型时，需考虑各种约束条件，以此保障水资源的合理分配和可持续利用。这些约束条件主要包括以下几个方面：首先，根据流域内的水资源总量和水资源可利用量，确定各功能区域的水资源分配上限。其次，根据各功能区域对水质的要求，制定相应的水质标准，并确保分配的水资源符合这些标准。再次，在分配水资源时，需充分考虑生态环境保护需要，确保不会对生态环境造成不可逆转的损害。最后，根据流域内经济社会发展的实际情况和未来发展趋势，制定相应的经济社会约束条件，以确保水资源的分配能契合经济社会发展的要求。

（三）求解模型

在确定了目标函数和约束条件后，需运用先进的算法和工具对模型进行求

解。常用的求解方法和工具主要为：一是带精英策略的快速非支配排序遗传算法等。这类算法具有全局搜索能力强、收敛速度快等优点，适用于求解复杂的多目标优化问题。二是 MATLAB、Python 等编程语言及其配套的相关工具箱。这类工具提供了丰富的数学函数和算法库，能够便捷地实现模型的求解和结果的可视化。三是 GIS、SWAT 等模拟仿真软件。这类软件可模拟流域内的水文过程、生态过程等，为模型的求解提供数据支持和验证。通过运用这些先进的算法和工具，能够实现对黄河流域水资源的合理分配和优化配置。与此同时，还需加强模型的监测和评估工作，以确保其在实际应用中的效果达到预期。

（四）应用实践

在将水资源再分配模型应用于黄河流域时，需紧密结合实际情况持续进行优化和调整。具体措施为：首先，及时收集流域内的水文、气象、生态、经济社会等方面的数据，并定期对模型进行更新和修正。其次，制定相应的政策和法规来引导与支持水资源的合理分配和优化配置工作。与此同时，还需加强对企业和居民的宣传教育力度，提高他们的节水意识和环保意识。再次，强化技术创新和研发工作，推动节水技术、水资源循环利用技术等在流域内的广泛应用和推广。最后，鼓励公众参与水资源的分配和管理过程，加强对政府和企业行为的监督力度，确保水资源的合理分配和可持续利用。

构建一套科学的水资源再分配机制，对优化流域主体功能、实现水资源的合理分配意义重大。在黄河流域这一具体案例中，通过明确目标函数、建立约束条件、采用先进算法求解模型，以及结合实际情况持续优化和调整等措施，能够实现水资源的合理分配和优化配置，为流域内经济社会的可持续发展和生态环境的改善提供有力支撑。

第五节 黄河水环境保护的对策

黄河水资源的健康与保护对国家的生态环境和可持续发展意义重大。然而，受人类活动和气候变化的双重影响，黄河面临着严重的水污染问题。

一、黄河水污染现状

（一）工业废水污染

工业废水污染是黄河水污染的主要来源。这主要是因为黄河流域内分布着化工、食品、酿造、石油加工、炼焦、造纸等高污染行业。这些行业在生产过程中会产生大量含有各种有害物质的废水，如氨氮、生化需氧量、石油类、溶解氧、挥发酚和汞等。这些污染物不但直接威胁黄河水的水质安全，还会通过食物链积累，对人类健康带来潜在风险。尤其是重工业，如煤化工、石油化工等，其生产过程中产生的废水往往含有高浓度的有机物和重金属。这类废水若未经有效处理便直接排放，则会对黄河水质造成严重破坏。

（二）农业面源污染

农业面源污染是黄河水污染的另一大来源。随着农业集约化程度的提高，化肥和农药的使用量逐年增加。这类化学物质通过农田径流、水土流失等方式进入黄河，导致水质恶化。农田径流会携带氮、磷等营养物质，这些物质在水体中富集，进而引发水体富营养化现象。水体富营养化会致使藻类大量繁殖，繁殖过程中会消耗水中溶解氧，这对其他水生生物的生存造成威胁。水土流失也是农业面源污染的重要组成部分。黄河流域地形复杂，土壤侵蚀严重。尤其是上中游地区，在干旱或半干旱气候条件下，植被覆盖度低，土壤裸露，易受风化和水蚀影响。水土流失不仅加剧了黄河的泥沙含量，还使大量农药、化肥等污染物随泥沙进入河道，进一步对黄河水质产生不良影响。

（三）生活污水污染

随着城市化进程加快，人口不断增长，生活污水排放量也逐年递增。生活污水主要源自家庭、学校、医院等场所，其中含有大量有机物、氮、磷等营养物质，以及细菌、病毒等微生物。这些污水若未经处理便直接排放，将会对黄河水质造成严重影响。当前，部分沿黄城市的生活污水处理设施不完善，处理效率较低。尤其是在雨季，由于雨水冲刷和管道破损等，大量未经处理的污水直接排入黄河，致使水质恶化问题加剧。

（四）水土流失与河床淤积

水土流失是黄河流域面临的重大生态环境挑战。长期以来，人类过度开垦土地、乱砍滥伐等活动，严重破坏了黄河流域的植被覆盖，致使土壤侵蚀现象越发严峻。这种侵蚀不仅使大量泥沙涌入河道，对水质造成了严重影响，还进一步加剧了河床的淤积。河床淤积是一个恶性循环的过程，它会不断降低河道的行洪能力，致使水流在汛期难以顺畅排泄。如此一来，洪涝灾害风险便随之增大，给周边居民的生命财产安全带来了巨大威胁。因此，解决水土流失和河床淤积问题，对保障黄河流域的生态安全、促进区域可持续发展意义重大。我们需要采取一系列有效措施，如加强植被恢复、实施水土保持工程等，来遏制水土流失，减轻河床淤积的程度，为黄河流域的生态环境保护和经济发展贡献力量。

二、黄河水环境保护的对策

随着工业化、城市化进程的加快，黄河面临严峻的水污染问题，这对流域内的生态环境、经济发展以及人民生活都构成了严重威胁。因此，采取一系列科学、系统、全面的措施来保护和治理黄河水环境极为重要。

（一）加强水资源管理

黄河水资源的分配应基于流域内各地的实际需求，秉持生态环境保护和可持续发展的原则，确保黄河生态流量达标。这就需要建立科学的水资源分配机制，综合考量流域内各地的水资源禀赋、经济社会发展水平和生态环境保护需求，制定合理的用水计划和水量分配方案。农业是黄河水资源消耗的主要领域之一。通过推广节水灌溉技术，如滴灌、喷灌、渗灌等，可以显著提高灌溉效率，减少对黄河水资源的过度利用。同时，还要加强农业节水设施的建设和维护，以确保节水灌溉技术有效实施。工业企业和农村居民是水资源的两大用户群体。针对工业企业，应建立严格的水资源使用管理制度，鼓励其使用节水设备和技术，限制高耗水产业的发展。针对农村居民，应加强宣传教育，提高节水意识，推广使用节水器具和节水措施。

（二）实施严格的水污染控制措施

工业废水和农业废水是黄河水污染的主要来源。应加强对工业企业的环保监管，确保其废水处理设施正常运行、废水排放达到国家标准。同时，还应加强对农业面源污染的治理，推广生态农业和绿色农业，减少化肥、农药的使用量，降低农业废水对黄河水质的污染。为了实时掌握重点排污企业的废水排放情况，应建立在线监测系统，对企业的废水排放进行实时监控和数据采集。这有助于及时发现和处理企业的违法排污行为，以确保其废水排放达到国家标准。针对违法排污的企业，应依法进行严厉处罚，提高其违法成本。同时，还应建立企业环保信用体系，将企业的环保行为纳入信用评价范围。对环保表现良好的企业给予政策支持和奖励；对环保表现欠佳的企业，则实施限制和惩罚措施。

（三）推广水土保持和绿化工程

湿地是黄河生态系统的重要组成部分，具有净化水质、调节气候、维护生物多样性等多种功能。应建立湿地保护区，强化对湿地的保护和管理，防止湿地遭受破坏以及退化。植被是保持水土、防止水土流失的重要屏障，应开展大规模植树造林活动，扩大森林覆盖面积，提高植被覆盖率。同时，还应加强对现有植被的保护和管理，防止过度砍伐和破坏。多沙粗沙区是黄河泥沙的主要来源之一。应加强对该区域的水土流失监管，完善水土流失综合防治体系，采取工程措施和生物措施相结合的方法，降低泥沙流失量。

（四）加强环境教育和公众环保意识

可采取媒体宣传、科普教育等方式，提高公众对黄河水污染问题的认识和理解。让公众了解黄河水污染的危害性和紧迫性，增强公众保护黄河水环境的责任感和使命感。还可将环境教育纳入学校教育和成人教育体系，提高公众的环保意识和节水意识。通过举办讲座、展览、实践活动等形式多样的教育活动，让公众了解环保知识、掌握节水技能、培养环保习惯。此外，还可建立公众举报机制，鼓励公众积极举报违法排污行为。对于举报属实的案件，应给予举报人一定的奖励和表彰，形成全社会共同保护黄河的良好氛围。

（五）完善环境风险防控体系

应加强流域内环境污染的治理力度，建立健全环境污染防治体系。可通过实施污染物排放总量控制、环境风险评估和预警等措施，降低流域内环境污染的风险。还可通过推动产业结构调整和企业布局优化，减少高污染、高能耗产业的发展，促进绿色低碳产业的发展。同时，还应加强对新建项目的环保审批和监管力度，确保不再新增规划和建设负面清单内的行业与企业。针对重点行业的水污染物排放问题，应制定严格的减排目标和措施。通过加强监管、推广先进技术和管理经验等方式，推动重点行业实现水污染物减排目标。

黄河水污染问题是一项复杂且长期的任务，需要政府、企业、社会各界的共同努力和持续投入。通过加强水资源管理、实施严格的水污染控制措施、推广水土保持和绿化工程、加强环境教育和公众环保意识、完善环境风险防控体系，以及推动国际合作与交流等措施，我们可以逐步改善黄河水质，保护黄河这条伟大的母亲河，为子孙后代留下一个清洁、美丽的水环境[①]。

① 彭祥．黄河流域系统治理的对策建议［J］．中国水利，2020（17）：25-27.

第七章　黄河流域水资源环境保护与经济高质量发展的协同路径

自黄河流域生态保护和高质量发展上升为国家重大区域发展战略以来，在优化区域协调发展格局、缩小东中西部差距等方面成绩显著。对黄河流域进一步开展保护治理工作，将更有利于推动黄河流域经济高质量发展、维护社会稳定以及促进民族团结。并且，黄河流域经济高质量发展对区域经济协调发展和经济发展格局重塑意义重大。保护黄河流域水资源，旨在更好地促进区域经济发展，实现环境保护和经济发展同步进行。本章将简要叙述黄河流域水资源环境保护与经济高质量协同发展的相关内容。

第一节　水环境保护与经济高质量发展协同路径的理论框架

一、可持续发展理论

（一）理论概述

可持续发展理论是一种多维度、跨学科的综合性发展理念。它强调在满足当代人类发展需求的同时，还能确保不对后代人满足自身需求的能力构成威胁。该理论的核心在于平衡资源的合理利用、环境保护与社会公正之间的关系，旨在实现经济、社会和环境的和谐共生与协调发展。可持续发展理论的形成，是对20世纪后半叶全球范围内资源过度消耗、环境污染加剧以及社会不平等加剧等问题的深刻反思。1987年，联合国环境与发展世界委员会（布伦特兰委员会）在其里程碑式的报告《我们共同的未来》中，首次明确界定了“可持续发展”的概念，即“满足当代人的需求，而不损害子孙后代满足其需求的能力”。

（二）理论基础

可持续发展理论的基石由三大支柱构成：环境保护、社会公正与经济繁荣。这三者相互依存、相互促进，共同构成了可持续发展的核心框架。环境保护作为可持续发展的基础，要求所有经济和社会活动必须保持在地球生态系统的承载能力之内，避免出现生物多样性丧失、水资源枯竭、空气质量恶化等环境问题。社会公正强调在发展过程中，要保证所有人群都能公平地分享发展成果，消除社会排斥，实现包容性增长。经济繁荣则侧重于通过创新、效率提升和绿色技术的应用，在促进经济的长期稳定增长的同时，不能以牺牲环境质量和社会福祉为代价。这三大支柱之间的协同作用，构成了可持续发展理论的复杂性和挑战性。这就要求政策制定者、企业和公众在进行决策时需综合考量可持续发展策略。

（三）对水环境保护和经济协同发展的作用与影响

在水资源管理方面，可持续发展理论提供了重要的理论指导和实践框架。首先，它要求我们在追求经济增长的同时，必须实施严格的水资源管理和保护策略，避免过度抽取地下水、河流污染和湿地破坏等行为，以确保水资源的可持续利用。其次，可持续发展理论鼓励采用绿色、低碳、循环的经济模式，推动产业结构向水资源高效利用和污染低排放方向转型，如发展节水农业、推广工业水循环利用系统等。此外，该理论还倡导建立水资源管理市场机制，如实施水权交易、建立水资源税等，以经济手段激励水资源的高效配置和节约使用。通过这些措施的实施，可持续发展理论不仅有助于维护水资源的长期可持续性，还为经济的高质量发展提供了稳定的水资源保障，促进了经济与环境的双赢。

二、生态经济学理论

（一）理论概述

生态经济学理论是一种将生态环境视为经济系统内生变量的新兴经济学分支，它强调生态环境与经济的紧密联系和相互作用。该理论认为，环境问题并非孤立存在，而是经济发展过程中产生的外部性问题的具体表现，需要通过市场机制、政策干预和技术创新等手段进行内部化处理。生态经济学将环境视为一种稀缺资源，通过经济分析方法评估其价值和稀缺性，旨在实现经济系统与生态系统的和谐共生。

（二）理论基础

生态经济学理论的核心在于将生态环境纳入经济系统的分析框架，通过跨学科的研究方法，如环境经济学、资源经济学和生态足迹分析等，揭示生态环境与经济的相互作用机制。生态系统的经济问题从人类诞生开始便存在，人类的生存必须找到合适的生存环境和生物资源①。生态经济学理论强调，环境问题的根源在于经济系统的结构和运行方式。因此，解决环境问题需从经济系统的根源入手，通过市场机制、政策工具、技术创新和公众参与等手段，促进资源的高效利用和环境的可持续保护。在正常的循环中，人们对使用、占领、索求、弥补、敬爱、复原、维持等元素进行有机整合。通过将人类生产活动与改善自然环境、创新自然过程、提升自然条件相结合，实现人类与自然环境的真正和谐，从而达到理想的环境和经济状态。此外，生态经济学还倡导建立绿色国民经济核算体系，将环境成本纳入 GDP 等经济指标的计算中，以更全面地反映经济发展的真实成本和效益。

---

① 宁雨欣．中国特色生态经济理论的思想渊源与构建探究［J］．经济师，2023（12）：26-27.

（三）对水环境保护和经济协同发展的作用与影响

在水资源管理方面，生态经济学理论提供了重要的理论支撑和实践指导。首先，它要求我们在制定经济政策时，必须充分考虑水环境的价值，将生态环境保护纳入经济发展的总体框架，实现“绿水青山就是金山银山”的发展理念。这包括推动绿色产业的发展，如生态农业、绿色制造业等，鼓励企业采用清洁生产技术和节水技术，减少对水资源的消耗和污染。其次，生态经济学理论强调要加强水环境监管和执法力度，建立健全水资源管理制度和法律法规体系，确保经济活动符合环保要求，避免出现水污染和生态破坏等问题。此外，该理论还倡导建立生态补偿机制，通过财政补贴、税收优惠等激励措施，鼓励企业和个人积极参与水环境的保护和修复，实现水资源保护和经济发展的良性互动。通过这些措施，生态经济学理论为水环境保护与经济高质量发展的协同提供了有力的理论支持和实践路径。

三、环境承载力理论

（一）理论概述

环境承载力理论是对自然生态系统可持续支撑能力的科学量化描述，是评估人类经济社会活动与生态环境之间协调关系的重要理论基础。该理论基于生态系统服务功能概念，强调环境系统具有一定的吸纳、净化、再生及维持生态平衡的能力，即环境承载力。它界定了在不损害环境系统结构和功能的前提下，人类活动可以安全进行的最大规模和强度。当人类活动强度超过这一阈值时，环境系统将面临不可逆的退化，进而威胁到人类社会的可持续发展。

（二）理论基础

环境承载力理论的核心在于构建一套科学评估体系，用以量化人类活动对环境的压力及对环境系统的影响程度。这一评估体系通常涵盖环境容量、环境压力、环境响应三大核心要素。其中，环境容量是指环境系统在不发生不可逆转变化的前提下，能够容纳和消化的污染物或资源消耗的最大量。这涉及对生态系统服务功能的深入理解，如水体自净能力、土壤自我修复能力等。环境压力是指人类活动对环境系统施加的影响，包括资源开采、污染物排放、土地利用变化等。评估环境压力则需考虑人类活动的规模、强度、持续时间及对环境的直接和间接影响。环境响应是指环境系统对环境压力的反应，包括生态系统的结构变化、功能退化、生物多样性减少等。通过监测和分析环境响应，可以评估人类活动是否已接近或超过环境承载力。环境承载力理论的实施依赖于先进的监测技术、数学模型和地理信息系统等工具，以精确测量和预测环境系统的动态变化，为制定科学合理的环境政策和管理措施提供数据支持。

（三）对水环境保护和经济协同发展的作用与影响

环境承载力理论在水资源管理和经济协同发展方面发挥着关键作用。首先，它要求在水资源开发利用规划中，必须基于环境承载力设定合理的开发上限，避免因过度抽取地下水、河流截流等行为导致的水资源枯竭和水生态系统破坏。其次，该理论鼓励采用生态友好的水资源管理技术，如雨水收集利用、再生水回用等，以减轻对自然水体的压力。再次，环境承载力理论还强调建立水资源管理的预警机制。该预警机制通过实时监测和数据分析，及时发现并应对水资源短缺、水质恶化等环境问题，确保经济活动在环境可承受范围内进行。最后，环境承载力理论还促进了环境管理制度的创新，如实施水资源税、建立水权交易市场等，以经济手段激励水资源的高效利用和节约保护，实现水环境保护与经济高质量发展的双赢。

四、绿色发展理念

（一）理论概述

绿色发展理念是一种强调环境保护与经济发展相协调的新型发展观，旨在通过转变发展方式，实现经济社会的绿色转型。该理念认为，经济发展不应以牺牲环境为代价，而应追求经济效益、社会效益和环境效益的和谐统一。绿色发展理念倡导以绿色、低碳、循环的发展模式，推动产业结构优化升级，促进资源节约和循环利用，减少环境污染和生态破坏，实现经济与环境的可持续发展。

（二）理论基础

绿色发展理念的理论基础包括生态学、环境经济学、循环经济理论等多个学科。其中，生态学提供了对生态系统结构和功能的深入理解，为评估人类活动对环境的影响提供了科学依据；环境经济学通过经济手段分析环境问题，探讨如何通过市场机制和政策干预实现环境资源的优化配置；循环经济理论则强调资源的循环利用和废弃物的最小化，推动形成资源—产品—再生资源的闭环经济系统。绿色发展理念的核心在于实现经济发展方式的根本转变，从传统的“高投入、高消耗、高排放”的粗放型增长模式，转向“低投入、低消耗、低排放、高效益”的集约型增长模式。这就要求人们在经济活动中，不仅要追求经济效益，还要注重节约资源和环境保护，实现经济、社会和环境的协调发展。

（三）对水环境保护和经济协同发展的作用与影响

绿色发展理念既结合了马克思的生态观，同时又考虑到我国过去的发展经验与当前现代化发展实际，是一种创新形式的发展理念。它强调要在人与自然和谐共生中谋求科学、高质量发展，坚决不以牺牲环境为代价。其内容涉及绿色政治、绿色经济、绿色文化等，以生态文明建设为主要抓手，在内涵上强调坚持资源高效利用、保护环境的可持续发展模式，摒弃传统高耗能经济发展方式，是契合新时代经济发展需求、满足人类主体需要的新理念[①]。绿色发展理念在水资源管理和经济协同发展方面具有重要意义。首先，它要求在水资源利用中，必须注重水资源的节约和保护。通过推广节水技术、提高水资源利用效率等措施，减少水资源的浪费和污染。其次，绿色发展理念鼓励发展绿色产业和循环经济，如生态农业、绿色制造业等。这些产业具有低能耗、低排放、高附加值的特点，有助于减少对水资源的依赖和环境压力。同时，绿色发展理念还倡导绿色消费和绿色生活方式，鼓励公众节约用水、减少水污染行为，形成全社会共同保护水资源的良好氛围。此外，绿色发展理念还促进了环境政策的创新和完善，如实施水资源税、建立水权交易市场等，以经济手段激励企业和

① 张静杰．绿色发展理念助力乡村振兴研究［J］．智慧农业导刊，2024（17）：165-168.

个人积极参与水资源保护和节约利用，推动水环境保护与经济高质量发展的协同。通过这些措施的实施，绿色发展理念为水资源的可持续利用和经济的绿色发展提供了有力的理论支撑和实践路径。

第二节　黄河流域水环境保护与经济高质量发展的测度分析

一、黄河流域水环境保护的测度

（一）生态环境指数的动态演变与空间分布

根据近年来生态环境科学领域的深入研究，黄河流域的生态环境指数呈显著上升趋势，这一变化反映出流域内生态环境质量的整体改善态势。生态环境指数作为衡量区域生态环境状况的综合指标，其提升意味着生态损害在减少、生态建设力度在加强。具体而言，该指数的增长得益于上游地区自然条件的得天独厚，以及一系列生态保护政策的有效实施。这些措施不仅保护了生态系统的原始状态，还促进了受损生态系统的恢复与重建。然而，黄河流域的生态环境状况在空间分布上呈现出显著的差异性。上游地区得益于较少的人类活动干扰和较好的自然条件，生态环境质量相对较高，表现出植被覆盖度高、水土流失程度低等特点。相较之下，下游地区由于人口密度大、经济活动频繁，生态环境压力显著增大，呈现水质恶化、湿地减少、生物多样性降低等问题。这种区域差异不仅影响了流域内生态服务的供给能力，也对经济社会的可持续发展构成了潜在威胁。

（二）生态环境差异的量化分析与趋势预测

目前，黄河流域生态保护和高质量发展已上升为国家重大发展战略，各项重点治理与发展任务正在有序推进，然而全面实现黄河流域生态保护与高质量发展仍然存在不少困难，特别是产业发展与流域环境安全之间的矛盾突出。黄河流域生态环境差异的动态变化可以采用核密度估计等统计学方法进行分析，黄河流域生态环境本底脆弱，承载能力有限，尤其是中上游地区荒漠和沙化土地面积扩大，水土流失严重，极易因受到破坏而出现生态退化，并且恢复的难度大、时间长，因而对产业经济活动约束明显；黄河流域资源性重化工特征突出，产业结构层次和绿色化水平偏低，流域内多个地市的支柱产业主要集中在能源化工、冶金等“三高”行业，不仅带来了一系列生态问题，也增加了区域性环境风险。① 虽然黄河流域生态环境总体差异在缩小，但区域间差异仍然是影响流域生态环境质量提升的关键因素。因此，在制定生态保护政策时，需要充分考虑区域差异，采取差异化、精准化的保护措施，以实现流域生态环境的整体提升。

（三）水资源利用效率与保护策略

黄河流域水资源总量有限，但用水需求很大，居民用水、工业生产、农业灌溉等都有不同的用水要求，这导致黄河流域的水资源难以满足各方需求。针对这一问题，黄河流域需要采取一系列措施来提高水资源利用效率。首先，应加大节水技术的研发与推广力度，鼓励农民采用滴灌、喷灌等高效节水灌溉技术，降低灌溉过程中的水资源损耗。其次，应加强对工业和生活用水的循环利用，通过建设污水处理和回用设施，实现废水的资源化利用。同时，还应加强对水资源的监管和执法力度，打击非法取水、超标排污等违法行为，保障水质安全。

（四）生态治理措施的多元化与创新性

黄河流域的生态环境治理需要综合考虑流域特点，采取多元化的治理措施。在上游地区，应重点加强生态保护，通过实施退耕还林、封山育林等措施，恢复湿地、草原等生态系统，提高水源涵养能力。在下游地区，则应注重综合治理，通过建设人工湿地、生态河堤等工程措施，改善水质和生态环境。此外，还应加强科技创新在生态环境治理中的应用。利用遥感技术、地理信息

① 杨春利．黄河流域产业发展与生态环境的交互影响［J］．开发研究，2023（5）：39-48.

系统等现代信息技术手段，对流域内生态环境进行实时监测和动态评估，为生态保护提供科学依据。同时，还应加强人才培养和引进力度，提高环境治理队伍的专业素养和创新能力。

二、黄河流域经济高质量发展的测度

（一）高质量发展水平测度

本书对黄河流域高质量发展水平进行测度后发现，该流域各省（自治区）的对外开放程度普遍较低，这直接体现为其进出口总额在全国所占比例不高。具体而言，黄河流域的出口结构正在经历由资源密集型产品向劳动密集型产品的转换，但这一转换过程尚未完成。并且，机械电气设备类产品的出口虽然增长较快，但在国际市场上仍不缺乏显著的竞争力。这一现象在山东等沿海省（自治区）表现得相对突出。山东高质量发展得分较高，在一定程度上得益于进出口活动的蓬勃发展。然而，对于青海、宁夏、甘肃等内陆省（自治区）而言，较低的进出口水平成为制约其高质量发展的关键因素。这表明，黄河流域的经济高质量发展存在显著的区域不平衡现象，需采取针对性措施，提升内陆省（自治区）的对外开放水平和国际竞争力。

（二）创新能力评估

在创新能力方面，黄河流域在全国范围内处于相对弱势的地位。这主要表现为研发投入不足，研发强度低于全国平均水平。此外，黄河流域各省（自治区）在科技创新领域缺乏有机分工与区域合作，导致创新要素连通效率较低，且存在严重的外流现象。为了提升黄河流域的创新能力，我们需从多个方面入手。首先，应加大研发投入力度，培育高水平人才和创新团队，为科技创新提供坚实的人才支撑。其次，加强产学研合作，推动科技成果的转化和应用，实现科技创新与经济发展的深度融合。此外，还可以充分利用国家自主创新示范区的政策机遇，整合创新资源，形成高技术产业集群，提升黄河流域的整体创新能力。

（三）基础设施投资分析

基础设施投资是支撑黄河流域经济高质量发展的重要物质基础。然而，目前黄河流域的基础设施投资水平相对较低，尤其是社会基础设施投资与经济基础设施投资之间存在不协调现象。这在一定程度上制约了黄河流域的经济发展潜力。为了改善这一状况，我们需采取一系列措施。首先，应加大基础设施投资力度，尤其是加大对交通、通信等关键领域的投入，提升黄河流域的基础设施水平。其次，应优化投资结构，提高投资效率和使用效益，确保每一笔投资都能产生最大的经济效益和社会效益。此外，还需加强区域间的合作与协调，共同推动基础设施建设和经济发展，形成区域联动发展的良好局面。

（四）新质生产力发展探讨

新质生产力是在传统生产力基础上，通过科技创新和制度改革等手段所引发出的全新生产方式、生产工具和生产关系。新质生产力是一个引领中国推动科技创新，实现高质量发展的战略性概念①。黄河流域作为中国核心战略区域，兼具农业和工业双重重要地位，但目前流域内高质量发展水平尚显不足，中国经济进入新常态后，亟须以创新为动力，推动黄河流域经济结构的优化升级。在科技革新的浪潮中，引领黄河流域迈向高质量发展阶段的核心途径，在于推动战略性新兴产业与未来产业的蓬勃发展，并以此为契机，重构和优化生产关系，新质生产力的提出正是为了适应这一转变。首先，应加大科技创新投入力度，强化教育和人才培养，为新质生产力的发展提供坚实的人才和科技支撑。致力于构建基础研究、应用技术转化和金融服务“三位一体”的创新模式，坚持开放的大环境，推动区域一体化融合发展，培育文化中产。其次，应推动产业转型升级，加强基础设施建设，提升黄河流域的产业竞争力和基础设施水平。同时，还应注重生态环境保护，推动绿色发展，确保新质生产力的发展契合生态文明建设的要求。最后，还需加强政策引导和制度保障，为新质生产力的发展提供良好的政策环境和制度保障。

---

① 郑永年，徐兰朦．创新与新质生产力［J］．中国科学院院刊，2024，39（7）：1131-1140.

第三节　黄河流域水环境保护与经济高质量发展的门槛效应研究

黄河流域生态保护和高质量发展已上升为重大国家战略，这一战略旨在促进区域协调发展，推动黄河流域现代化建设。黄河流域拥有丰富的自然资源和深厚的文化底蕴，但其生态环境也面临着严峻的挑战。如何在保护生态环境的同时，实现经济高质量发展，是黄河流域面临的重要课题。当研究某个经济主体在发展过程中的变化时，若某一影响因素达到特定值后，能引起另一个经济参数突然发生其他形式的改变，这种结构突变的临界值就被称为门槛值，而引发结构突变的原因则被称为门槛效应。门槛效应作为研究经济与环境关系的重要工具，为研究人员理解这一问题提供了新视角。

一、黄河流域水环境保护的门槛效应

（一）资源型城市的门槛效应

黄河流域内分布着大量的资源型城市，这些城市的发展往往依赖于特定的自然资源，如煤炭、石油、天然气等。资源型城市的水环境保护面临着特殊的挑战。资源型城市的水环境保护存在明显的门槛效应。当资源禀赋低于一定门槛值时，生产性服务业集聚对城市生态效率具有正向影响；当资源禀赋超过这一门槛值时，其影响则转变为负向。这主要是因为，在资源禀赋较低时，经济发展以初级的加工型工业为主，污染物排放量较小，城市受到的资源环境压力也较小。然而，随着资源禀赋的提升，产业结构调整和生态高质量发展压力增大，亟须改变资源类产业占主导地位的局面。此时，促进生产性服务业尤其是能耗小、污染少的高端生产性服务业集聚，能够创造出更大的社会经济效应，对生态效率具有积极作用。制造业集聚在资源禀赋低于另一门槛值时，对城市生态效率也具有正向

影响，然而，一旦超过这一门槛值，其影响便转变为显著的抑制作用。这主要是因为资源禀赋优势对制造业集聚具有巨大吸引力。随着资源禀赋水平提升，制造业集聚带来的规模报酬递增会吸引更多企业加入该地区的资源开发。集聚规模的持续扩大，加剧了地区间制造业集聚程度的不均衡，不仅容易造成地区间产业结构不合理，还会造成自然资源过度开发，导致生态环境遭到严重破坏。

（二）非资源型城市的门槛效应

与资源型城市相比，非资源型城市的水环境保护门槛效应则呈现出不同的特点。非资源型城市的生产性服务业集聚、制造业集聚及产业协同集聚均存在双门槛效应，但其门槛值总体上低于资源型城市相应的门槛值。非资源型城市凭借非资源类产业优势，其经济规模与城市发展水平一直处于领先地位。非资源型城市用地扩张主导模式边缘式①，生产性服务业集聚作为规模经济的重要支撑力量，在非资源型城市中发挥了至关重要的作用。因此，生产性服务业集聚的促进作用在非资源型城市中更明显，弹性系数大于资源型城市。制造业集聚在非资源型城市中的影响作用由负向转为正向。这主要是因为污染较为密集的工业大多转入资源型城市，而非资源型城市则更加注重绿色发展。随着资源禀赋的提升，制造业集聚的负面影响逐渐减弱，正面影响逐渐增强。

（三）科技创新的门槛效应

科技创新对黄河流域水环境保护的影响也存在门槛效应。以科技创新能力作为核心解释因素，科技财政投入和第二产业增值均通过显著性检验，存在双重门槛值。政府治理质量对科技创新存在门槛效应，单纯降低经济政策不确定性未必会推动国家科技创新的发展，只有将政府治理质量提高到一定程度即跨过门槛时，经济政策不确定性的降低才会促进国家科技创新的发展②，当科技财政投入高于这一门槛值时，科技创新能力对降低碳排放的促进作用明显增强。这主要是因为随着研发投入强度的增大，基础性研究工作逐渐跟上实际发

① 王亚楠，苏明明，王玉萍．黄河流域城市扩张时空特征与区域差异——基于资源型城市与非资源型城市的对比［J］．中国农业资源与区划，2024（6）：223-233.

② 汪栋，栾维博，张桂阳，等．经济政策不确定性、政府治理质量与科技创新的门槛效应分析［J］．中国科技论坛，2022（9）：34-42.

展，人才引进等措施的开展使得黄河流域攻破了相关技术壁垒，科技创新所带来的原创性成果逐渐增多，研发投入结构逐渐合理。第二产业增值同样存在双重门槛效应。在两个门槛值划分的三个区间范围内，科技创新能力对碳排放的减少产生不同的影响。在第一个区间内，科技创新能力对碳排放的减少具有正面作用；在第二个区间内，其作用减弱；在第三个区间内，其作用再次增强。这主要是因为黄河流域各省（自治区）第二产业企业空间分布较为分散，企业间交流合作机制欠缺，导致产业链单一且不完善。随着第二产业产值增大，企业需要加大研发投入，提升技术水平，以减少碳排放。

二、黄河流域经济高质量发展的门槛效应

（一）数字经济的门槛效应

数字经济作为新时代经济发展的重要引擎，对黄河流域经济高质量发展的推动作用不容忽视。根据经济学中的“边际效应”理论，数字经济在推动经济发展时，其贡献并非线性递增，而是呈现出一种非线性增长的趋势，即存在门槛效应。这意味着当数字经济处于较低发展水平时，其对经济高质量发展的推动作用相对有限；而当数字经济达到一定规模并突破某一临界点后，其推动作用将显著增强，形成质的飞跃。数字经济的门槛效应不仅体现在其内部发展逻辑上，还通过空间外溢性对周边地区产生影响。在数字经济发达地区，先进的信息技术和数字基础设施能吸引更多的生产要素流入，包括资本、技术、人才等，从而进一步提升该地区的经济发展质量。然而，这种空间外溢性也可能导致周边地区因缺乏相应的数字基础设施和技术支持而面临资本和劳动力的大量流失，进而拉大地区间的发展差距。数字经济发展能显著提升黄河流域城市经济高质量发展水平，但邻近地区数字经济水平的提高对黄河流域高质量发展产生了一定的负向影响①。因此，在推进黄河流域经济高质量发展过程中，应注重数字经济的均衡发展。一方面，要加大对数字基础设施的投资力度，提升

① 宋跃刚，郝夏珍．数字经济对黄河流域经济高质量发展的门槛和空间溢出效应研究［J］．河南师范大学学报（自然科学版），2022（1）：48-58.

流域内各地区的数字化水平；另一方面，要引导数字经济向经济欠发达地区扩散和渗透，促进区域间的协调发展，避免地区间差距的进一步扩大。

（二）产业结构调整的门槛效应

产业结构调整是黄河流域经济高质量发展的重要途径之一。然而，这一过程中同样存在着门槛效应。在黄河流域的部分地区，产业结构以传统的资源型产业为主，这些产业在推动经济增长的同时，也带来了环境污染和生态破坏等问题。因此，产业结构调整成为这些地区实现经济高质量发展的必然选择。产业结构调整并非一蹴而就，而是需要经历一系列复杂而漫长的变革的过程。在这个过程中，需逐步淘汰落后的产能和污染严重的企业，同时还要积极引进和发展新兴产业和高技术产业。在这一过程中，需找到合适的平衡点，以确保经济的平稳转型和生态环境的持续改善。当产业结构调整达到一定程度时，其对经济高质量发展的推动作用将明显增强。这是因为新兴产业的发展能够带来新的经济增长点和就业机会，提高经济的整体素质和竞争力。同时，新兴产业的发展还能够带动相关产业链的发展和完善，形成良性循环。然而，这一过程也伴随一定的风险和挑战。若产业结构调整过快，可能会导致经济波动，从而造成社会不稳定。因此，在推进产业结构调整的过程中，需要注重政策的连续性和稳定性，避免过度干预和急于求成。此外，产业结构调整还需与科技创新和人才培养紧密结合。可通过科技创新提升产业的技术含量和附加值，还可通过人才培养为产业发展提供智力支持。这种结合不仅能推动产业结构的优化升级，还能提升经济的整体创新能力和竞争力。

（三）环境规制的门槛效应

环境规制指的是政府通过政策实施对地区发展进行干预的行为，通常以工业污染治理完成投资额占地区生产总值的比重（百分比）来衡量环境规制的强度。该指标数值越大，表明该区域的环境规制强度越大。目前，对环境规制与经济高质量发展的研究，主要集中于其作用机制及非线性关系的探讨。环境规制主要通过创新补偿效应、挤出效应和成本遵循效应作用于经济高质量发展。环境规制有利于激发企业进行技术创新和倒逼传统企业进行产业结构转型升级，进而促进经济高质量发展。随着环境规制强度不断增加，企业污染防治成本提高，这会挤占企业生产投资和研发投入，进而抑制经济高质量发展。总体来看，环境规制能显著促进黄河流域经济高质量发展，且对邻地经济高质量发展存在正向空间溢出效应。从区域划分角度来看，环境规制对上游地区经济高质量发展的促进作用较强，对中下游地区的促进作用相对较弱；下游地区制造业集聚在经济高质量发展方面的环境规制门槛值较大，而中上游地区的门槛值则较小。因此，需加强区域环境规制强度，并以此来推动黄河流域经济均衡发展。黄河流域生态环境脆弱，部分地区环境污染严重且存在潜在风险，尤其是上游地区环境污染问题较为突出。未来，需深入推进环境污染防治工作，提升环境基础设施建设水平，激发传统制造业企业“创新补偿效应”和“挤出效应”。通过这种方式倒逼高耗能、高污染制造业朝着绿色化方向转型升级。在中下游地区，要强化城市间的专业化分工协作，加快中心城市建设进程，大力发展都市圈和城市群，推动高技术制造业集聚，培育新的经济增长点，以此提升各类城市竞争力。

（四）创新驱动的门槛效应

创新驱动是黄河流域经济高质量发展的重要动力之一。在创新驱动过程中，门槛效应同样存在。这一效应主要体现在科技创新和人才培养的协同发展方面。只有当科技创新和人才培养达到一定水平，才能为经济高质量发展提供持续的动力。科技创新是推动经济发展的重要力量。然而，科技创新并非孤立的过程，而是需要与人才培养紧密结合。可通过人才培养为科技创新提供源源不断的人才支持，还可通过科技创新为人才培养提供实践平台和创新环境。这种协同发展不仅能推动科技创新的深入发展，还能提升人才培养的质量和水平。

然而，创新驱动的门槛效应也意味着，若科技创新和人才培养滞后于经济发展需求，可能会导致经济增长的乏力和竞争力的下降。因此，在推进创新驱动过程中，需注重政策的引导和支持。政府需制定和完善相关政策体系，为科技创新和人才培养提供良好的环境及条件。这包括加大科研投入、优化创新环境、完善人才政策等方面。

第四节　黄河流域水环境保护与经济高质量发展的交互胁迫及耦合协同路径研究

一、黄河流域水环境保护与经济高质量发展的交互胁迫关系

（一）水环境保护对经济高质量发展的影响

水环境是经济发展的基础条件之一，良好的水环境能支撑经济的高质量发展。然而，黄河流域的水环境问题已成为制约其经济发展的重要因素。具体表现为：水质污染会降低水资源的利用效率，增加生产活动的成本。例如，农业灌溉需要优质的水源，水质污染会影响农作物的生长和产量；工业生产需要清洁的水源，水质污染会影响生产设备的正常运行和产品质量。黄河流域的水资源分布不均，部分地区水资源严重短缺，制约了产业的发展。例如，部分水资源短缺地区无法发展高耗水的产业，限制了其经济结构的优化和升级。水环境恶化会降低地区的投资吸引力，影响外来资本的流入。投资者在选择投资地点时，会将当地的水环境质量纳入考量范围，一旦水环境恶化，投资者往往会转而选择其他环境更好的地区。

（二）经济高质量发展对水环境保护的影响

经济高质量发展对水环境保护同样具有重要影响，既带来了挑战，也提供了机遇。随着经济的快速发展，黄河流域的工业化和城市化进程加快，给环境带来了巨大的压力。工业废水、生活污水和农业面源污染等不断增加，导致水环境质量下降。经济高质量发展要求优化经济结构，推动产业升级和转型。通过发展绿色产业和循环经济，可以减少对环境的污染和破坏，促进水环境改善。经济高质量发展要求加大对环保的投入，提升环境治理能力。通过建设污水处理设施、加强环境监测和执法力度等措施，可以有效改善水环境质量。

二、黄河流域水环境保护与经济高质量发展的耦合协同路径

（一）推进体制机制创新：制度保障与政策引导

建立健全黄河流域水环境保护与经济发展的政策法规体系，是实现耦合协同发展的基石。这包括制定和完善相关法律法规，明确各级政府、企业、社会组织及公众在水环境保护和经济发展中的责任与义务，为耦合协同发展提供坚实的制度保障。可通过立法手段，强化环境保护的刚性约束，同时还可鼓励和支持绿色经济的发展，形成正向激励机制。黄河下游的耦合发展水平整体较高，但仍需推动农业面源污染治理等薄弱环节的建设，使其成为黄河中上游地区乃至全国的典范；对于耦合协调度较低的省（自治区），政府应大力扶持，鼓励耦合协调度较高地区对较低地区提供帮助、共享资源，从而实现整个流域的协调发展①。建立黄河流域水环境保护与经济高质量发展的协同治理机制，关键在于加强政府、企业、科研机构、社会组织及公众等多方主体的沟通与协作。可通过搭建信息共享平台等方式，促进政策、技术、资金等资源的有效整合与优化配置。还可构建跨行政区、跨行业的联合执法与监管体系，确保政策法规的有效执行，从而形成全社会共同参与、协同推进的良好局面。科技创新是推动耦合协同发展的关键动力。应加大对环保技术、清洁能源技术、生态农业技术等领域的研发投入，推动新技术、新工艺、新产品的研发与应用，提高资源利用效率，降低环境污染。同时，还应建立科技成果转化机制，加速科技成果向现实生产力转化，为黄河流域的绿色发展提供科技支撑。

（二）优化产业结构与布局：绿色转型与产业升级

大力发展生态农业、清洁能源、环保产业等绿色产业，是实现黄河流域经济高质量发展的关键路径。在生态农业方面，推广有机农业、循环农业等模式，可减少化肥、农药的使用量，保护耕地资源；在清洁能源方面，加快风能、太阳能等可再生能源的开发利用，可减少对化石能源的依赖；在环保产业

① 孙培蕾，焦小玲．黄河流域农业高质量发展与生态环境耦合研究［J］．人民黄河，2024（7）：15-21.

方面，培育壮大环保装备制造、环境服务等领域，可提升环保产业的整体竞争力。对于煤炭、化工等传统产业而言，可通过技术改造和产业升级，提高其环保标准和资源利用效率，以降低环境污染。

在产业升级方面，可从以下方面着手：推动传统产业向高端化、智能化、绿色化方向发展，提升产品附加值，增强市场竞争力；加强行业自律，建立环保信用体系，对环保达标企业给予政策支持和奖励，对超标排放企业实施严格处罚；根据黄河流域的自然条件、资源禀赋和生态环境容量，科学规划产业布局，形成合理的产业分工和协作体系；在生态敏感区和脆弱区，严格控制高污染、高能耗产业的进入，鼓励发展生态友好型产业；在资源富集区，合理开发利用资源，延长产业链条，提升资源加工转化能力，实现资源的高效利用和循环利用。

（三）加强水资源管理与保护：制度约束与生态修复

在加强水资源管理与保护方面，可从以下方面着手：一方面，实施严格的水资源管理制度，建立健全水资源开发利用、节约保护、监测评价、监督管理等制度体系；明确水资源管理红线，严格控制用水总量、用水效率和水功能区限制纳污。通过制度约束，能保证水资源得到合理开发和有效利用，防止过度开发和污染。另一方面，加强黄河流域水资源的保护与修复工作，实施水土保持、水源涵养、生态修复等措施，提升水资源的自我恢复能力和生态服务功能。通过植被恢复、湿地重建等手段，改善流域生态环境，提高水质。同时，还可加强水环境监测和预警，及时发现并处理水污染事件，保障水质安全；推动节水型社会建设，加强节水宣传教育，提高公众的节水意识；通过推广节水技术和产品，降低生产和生活中的水资源消耗。在农业领域，推广节水灌溉技术，以提高灌溉效率；在工业领域，实施节水技术改造，以降低水耗；在城市生活领域，推广节水器具，以减少水资源浪费。通过全社会的共同努力，实现水资源的可持续利用。

（四）加强区域合作与协调发展：资源共享与优势互补

应加强黄河流域内各省（自治区）之间的合作与交流，共同推动水环境保护和经济发展。具体而言，一方面，应通过签订合作协议、建立合作机制，实现资源的共享和优势互补；在生态保护、水资源管理、产业协同发展等方面开展深度合作，形成流域内各地区的协同发展格局；推动黄河流域城乡融合发展，加强城乡之间的联系和互动；通过完善城乡基础设施、优化城乡资源配置、促进城乡产业协同发展等措施，缩小城乡差距，实现城乡经济的协调发展。同时，还应注重保护农村生态环境，提升农村生活品质，推动乡村振兴战略的实施。另一方面，应加强黄河流域与其他国家和地区之间的国际交流与合作，借鉴先进的经验和技术，推动水环境保护和经济发展的国际化进程；通过参与国际环保组织、开展跨国合作项目、引进外资和技术等方式，提升黄河流域的环保水平和经济实力。同时，还应积极参与全球环境治理，为全球生态文明建设贡献中国智慧和力量。

以提高全流域资源配置效率为目标的机制体制创新，是黄河流域创新驱动发展的制度保障。当前，黄河流域存在的问题表面上看在黄河，根源却在整个流域。黄河流域生态保护和高质量发展的创新驱动发展战略，不仅要发挥我国社会主义制度集中力量办大事的优越性，牢固树立黄河流域“一盘棋”思想，更要注重保护和治理的系统性、整体性、协同性。因此，需从全流域、系统性和长期性的视角进行顶层设计，推动体制机制创新，通过改革和发展打破黄河流域各地区之间的利益藩篱。在创新驱动发展战略中，应降低黄河流域各省（自治区）之间合作发展和协同创新的交易成本，共同抓好大保护，协同推进大治理。

第五节　黄河流域水环境保护与经济高质量发展协同的空间关联网络与驱动机制分析

一、黄河流域水环境保护与经济高质量发展的空间关联网络

（一）空间关联网络的构建

黄河流域水环境保护与经济高质量发展的空间关联网络，是一个由多个节

点以及连接这些节点的关系所构成的复杂系统。节点涵盖黄河流域内的各个地区、城市、产业等，而关系则指这些节点在水环境保护和经济高质量发展方面的相互作用与依赖。在构建空间关联网络时，需综合考虑黄河流域的自然条件、资源禀赋、经济发展水平、产业结构、生态环境状况等因素。通过运用地理信息系统、遥感技术、统计分析等方法，可揭示黄河流域内不同地区在水环境保护和经济高质量发展方面的空间关联特征。

（二）空间关联网络的特征

黄河流域水环境保护与经济高质量发展的空间关联网络具备以下特征：

1. 多层次性

该空间关联网络呈现出明显的层次结构。在宏观层面，整个黄河流域被视作一个整体。其水环境保护与经济高质量发展的策略、政策以及资源配置均在此框架下展开。中观层面则聚焦于流域内的各个区域。这些区域基于自身的地理、经济、社会条件，形成各具特色的空间发展模式。微观层面则细化到具体的地区或产业。这些地区和产业的协同发展，构成了整个网络的基础单元。不同层面之间的关联与互动，形成了复杂而有序的多层次网络结构，为流域的可持续发展奠定了坚实的基础。

2. 动态性

空间关联网络并非一成不变，而是随着黄河流域内各地区经济、社会和生态环境的不断发展而持续演变。网络中的节点（如地区、产业等）和关系（如资源流动、技术转移、环境污染等）在不断变化，新的节点和关系不断涌现，旧有的节点和关系则可能逐渐弱化或消失。虽然城市间生态保护与经济高质量发展耦合的空间联系越来越紧密，但整体上城市间生态保护与经济高质量发展耦合的空间联系较弱，网络结构比较松散[①]。空间关联网络的动态性要求我们在制定和实施相关策略时，必须充分考虑网络的演变趋势，以确保政策的灵活性和适应性。

---

① 李福柱，苗青．黄河流域城市生态保护与经济高质量发展耦合的空间网络特征［J］．统计与决策，2022，38（5）：80-84.

3. 复杂性

空间关联网络中的节点和关系之间存在着复杂的相互作用和依赖关系。这些关系既包括正面的协同效应，如资源共享、技术合作、市场拓展等，也包括负面的竞争效应，如资源争夺、环境污染扩散等。这些复杂的相互作用和依赖关系，使得网络中任何一个节点或关系的变动都可能对整个网络产生深远的影响。因此，在分析和优化空间关联网络时，必须运用多元的系统理论和方法，全面考虑各种因素之间的相互作用和反馈机制。

（三）空间关联网络的实践

黄河上游地区，作为水资源宝库与生态屏障的重要区域，其空间关联网络的构建与实践，对推动流域内经济高质量发展与生态环境保护的双赢局面具有重大意义。该地区凭借得天独厚的自然条件，如水资源充沛、生态环境相对优越，为流域内其他地区提供了宝贵的生态服务价值。然而，经济发展水平相对较低的现状，则限制了其进一步发挥资源优势的潜力。在此背景下，空间关联网络的实践就显得尤为重要。上游地区通过优化水资源配置，提升生态产品供给质量，为下游地区提供了稳定的水资源保障和坚实的生态安全屏障。在这一过程中，生态补偿机制的建立与完善，有效激励了上游地区加强生态保护与修复的积极性。与此同时，下游地区则依托其经济和技术优势，通过资金扶持、技术转移和产业合作等方式，助力上游地区实现经济转型升级和绿色发展。这种基于空间关联网络的互动模式，不仅促进了流域内不同地区之间的优势互补，还推动了区域经济一体化进程，实现了生态、经济和社会效益的协同提升。

二、黄河流域水环境保护与经济高质量发展协同的驱动机制

（一）自然资源与生态环境驱动

黄河流域拥有丰富的水资源和独特的生态环境，这些自然资源与生态环境不仅是区域经济社会发展的基础，也是驱动水环境保护与经济高质量发展协同的关键要素。然而，随着工业化、城市化的快速发展，水资源短缺、水质污染

和生态环境退化等问题日益凸显，对黄河流域的可持续发展构成了严峻挑战。在水资源管理方面，黄河流域需实施严格的水资源管理制度，以应对水资源短缺和水质污染问题。这包括加强水资源的开发、利用、节约和保护，通过优化水资源配置，提高水资源利用效率，确保水资源的可持续利用。具体而言，应建立水资源统一调度和管理机制，实施水资源有偿使用和节水激励机制，以此来推动水资源的高效利用，促进水资源节约和保护。同时，还应加强水环境监测和执法力度，建立健全水质监测网络，及时发现和处置水质污染问题，保障水资源安全、清洁。在生态环境保护方面，黄河流域需加强生态修复和治理工作，以恢复、提升生态系统的自我恢复能力和生态服务功能。这包括实施退耕还林、水土保持、生态补水等措施。通过采取这些措施，可恢复和改善黄河流域的生态环境。通过加强生态保护和修复力度，可提高生态系统的稳定性和多样性，增强生态系统的自我调节能力，为经济高质量发展提供良好的生态基础。同时，还需加强生态补偿机制建设，并以此来推动生态保护与经济发展的良性循环。

（二）经济发展与技术进步驱动

经济发展与技术进步是推动黄河流域水环境保护与经济高质量发展协同的重要动力。随着经济的快速发展和技术的不断进步，黄河流域的产业结构持续优化升级，绿色产业和循环经济得到快速发展，为水环境保护提供了有力支撑。在产业结构优化方面，黄河流域需大力发展绿色产业和循环经济，推动传统产业向绿色化、智能化方向转型升级。这包括培育绿色产业集群，加强产业链上下游合作，推广绿色技术和产品，提高产业竞争力和可持续发展能力。通过优化产业结构，可降低能源消耗和环境污染，实现经济发展与环境保护的双赢。在技术进步方面，黄河流域需加强科技创新和成果转化工作，可推动新技术、新工艺和新产品的研发及推广。这包括加强产学研合作，建设创新平台和孵化器，培养创新人才，提升科技创新能力和成果转化效率。通过技术创新和成果转化，可推动黄河流域的产业升级和转型，提高资源利用效率，减少环境污染，为经济高质量发展提供有力支撑。此外，黄河流域还需加强国际合作与交流，引进国外先进的环保技术和管理经验，以此来推动黄河流域的环保产业发展和技术进步。通过国际合作与交流，学习并借鉴国际先进的环保理念和技术手段，不仅能推动黄河流域环保产业发展壮大，还能提高环保产业的国际竞争力和影响力。

（三）政策制度与治理体系驱动

黄河流域生态保护和经济发展之间的矛盾突出，生态脆弱和发展失衡问题亟待解决。因此，需加快黄河流域经济高质量发展与生态环境保护协调发展的顶层设计。具体而言，首先，应充分认识黄河流域经济高质量发展与生态环境保护协调联动发展的空间关联关系和网络结构特征，立足黄河流域各城市生态环境保护的基本事实。其次，在上述认识基础上，加快出台与黄河流域经济生态高效协同发展相匹配的、兼具系统性和科学性的顶层设计。再次，在推进顶层设计落实的过程中，突出对水土保护、水资源分配和保护，以及废水废气排放等生态保护工作的统一谋划，建设黄河生态走廊、黄河经济走廊，提升黄河流域经济生态协同发展的整体性、联动性，促进流域经济生态高质量发展①。最后，通过制定科学合理的政策制度和建立高效的治理体系，引导和规范黄河流域内各地区、各部门在水环境保护和经济高质量发展方面的行为，实现协同发展。在政策制度方面，黄河流域需建立健全水环境保护和经济发展政策法规体系。这包括制定和实施严格的环境保护标准、排放标准和监管措施，明确各级政府、企业和个人的责任与义务。通过制定和实践这些政策，可推动水环境保护和经济高质量发展的协同推进。同时，还需加强政策宣传和教育培训工作，以提高全社会对水环境保护和经济发展的认识及重视程度。在治理体系方面，黄河流域需加强跨区域、跨部门的协同治理工作。这包括建立信息共享、联合执法、协同治理等机制。通过建立这些机制，可推动各地区、各部门在水环境保护和经济高质量发展方面的合作与交流。通过加强跨区域、跨部门的协同治理工作，形成合力推动水环境保护和经济高质量发展的良好局面。同时，

① 石涛．黄河流域生态保护与经济高质量发展耦合协调度及空间网络效应［J］．区域经济评论，2020（3）：25-34.

还需加强基层治理能力建设，推动治理重心下移和力量下沉，以提高基层治理的针对性和实效性。

此外，黄河流域还需加强政策评估与反馈机制建设。这包括建立政策执行情况的监测和评估机制，及时发现和解决政策执行中的问题和不足；建立政策反馈机制，收集社会各界对政策的意见和建议，不断完善和优化政策措施。通过政策评估与反馈机制建设，可确保政策的有效性和针对性，从而推动黄河流域水环境保护与经济高质量发展协同推进。

第六节　黄河流域水环境保护与经济高质量发展协同路径的优化路径

一、黄河流域水环境保护与经济高质量发展面临的主要问题

黄河流域在水环境保护与经济发展上成效显著。然而，受多种因素制约，流域内的水环境保护与经济高质量发展仍面临诸多难题。

（一）水资源供需矛盾加剧与水环境风险累积

黄河水资源总量占比很低，黄河流域水资源极度匮乏。加之流域内人口密集，导致人均水资源占有量远低于联合国设定的严重缺水标准，水资源供需矛盾异常尖锐。在此背景下，由于部分地区水资源管理方式粗放，农业灌溉方式落后，用水效率低，尤其是农业用水占比较大且浪费严重，这进一步加剧了水资源短缺问题。同时，因地下水资源被过度开采，形成了地下水漏斗区，进而对地下生态系统的平衡与可持续利用构成威胁。工业废水与农业面源污染的双重压力，使得黄河流域的水环境质量面临严峻挑战。随着工业化、城镇化进程加快，工业废水排放量逐年增加，部分行业废水处理设施不健全或运行效率低，导致有害物质排放超标。农业面源污染则主要来源于化肥、农药的过量使

用，以及畜禽养殖废弃物的无序排放。这些污染物通过径流和渗透进入水体，加剧了流域内水体的富营养化和污染程度。部分河段水质恶化至Ⅴ类或劣Ⅴ类，严重威胁到饮用水的安全和生态系统健康。

（二）流域生态环境系统脆弱性显著

黄河流域作为中国的重要生态安全屏障，其生态环境脆弱性显著，表现为多种生态问题交织并存的复杂态势。这一脆弱性不仅体现在地理空间上的广泛分布，还体现在其背后深刻的自然与社会经济因素之间的相互作用。具体而言，荒漠化、沙漠化、水土流失及湿地退化等生态问题在流域内广泛存在，构成了一个相互关联、互为因果的生态系统退化链。在中上游地区，尤其是内蒙古、宁夏、甘肃等省（自治区），受干旱少雨气候条件制约，年降水量远低于蒸发量，导致水资源极度匮乏，植被覆盖度低，土壤结构松散，易于被侵蚀。在这种自然条件下，荒漠化和沙漠化现象尤为突出，不仅直接减少了可利用土地资源，还对区域气候调节能力、水资源循环模式及生物多样性保护构成了严峻挑战。

（三）洪水灾害风险持续高发

黄河流域洪水灾害频发，严重制约了流域内的安全与发展。其下游地区“地上悬河”现象的形成，是长期泥沙淤积与河流改道共同作用的结果，这一独特地貌不仅增加了洪水防控的难度，还严重威胁着沿岸居民的生命和财产安全。宁蒙河段形成新悬河，下游存在长近800千米的地上悬河，局部河段还出现“二级悬河”现象。这些因素叠加，使防洪体系承受着前所未有的压力。同时，河堤溃决的风险显著上升，对流域防洪安全构成极大威胁。此外，在全球气候变化的大背景下，流域内极端天气事件频发，如暴雨、干旱等，进一步加剧了洪水灾害的复杂性和不确定性，对流域洪水预警、应急响应及灾后恢复重建能力，都提出了更高要求。

（四）流域经济社会发展的不平衡性与不充分性

黄河流域经济社会发展水平相对滞后，且内部差异显著，这一状况深刻反映了流域内受到自然条件限制、历史发展路径依赖及区域经济结构调整滞后等多重因素的影响。作为重化工业集聚的主要区域，黄河流域环境问题较为突出，城镇化进程所引发的污染现象极具代表性。在新时期，做好水环境风险的防范，保障水质的稳定，成为当务之急①。在上中游地区，尤其是甘肃、宁夏、青海等省（自治区），受地形地貌复杂、水资源短缺、生态环境脆弱等自然条件限制，加之历史遗留问题，造成经济基础薄弱。这些地区产业结构单一，多以资源型、初加工型产业为主，缺乏高端制造业和现代服务业的有力支撑，导致经济发展动力不足。和东部沿海地区相比，这些区域经济发展水平差距显著，区域发展不平衡问题突出。此外，流域内城乡二元结构明显，农村地区基础设施落后，教育、医疗等公共服务供给不足。这不仅进一步拉大了城乡发展差距，还制约了流域整体经济实力的提升和生态文明建设的推进。

二、黄河流域水环境保护与经济高质量发展协同路径的优化策略

针对上述问题，需从以下几个方面优化黄河流域水环境保护与经济高质量发展的协同路径。

（一）强化水资源节约集约利用与生态修复治理：生态优先与分类施策

开展黄河流域治理工作，不仅要将生态优先、绿色发展当作根本遵循，还要深刻把握流域生态环境特点与区域差异性，实施精准的分类施策。具体而言，需科学评估流域水资源承载力，制定基于水资源承载力的流域水资源配置方案，将水资源作为刚性约束，确保水资源的高效、公平、可持续利用。在此过程中，还需强化节水意识，推动节水技术的研发与应用。尤其是在农业领域，可通过建设节水生态型灌区，优化灌溉制度，如采用滴灌、喷灌等高效节水灌溉技术，来提高灌溉水利用率，大幅度减少对农业用水的浪费。

在工业领域，应鼓励企业采用先进的节水技术和设备，推动产业结构向节水型、循环型转变，助力建设国家高效节水示范区。同时，还应严格实施入河污染物总量控制制度，对工业废水、农业面源污染及生活污水进行全面治理；高标准建设污水处理设施及中水回用系统，采用膜分离、生物处理等先进的污

① 孙本良．对推进黄河流域生态保护和高质量发展的分析［J］．区域治理，2022（34）：20-23.

水处理与资源化利用技术，对严重污染支流进行专项治理，确保流域水环境质量得到持续改善。

针对不同的生态脆弱区，应实施差异化的生态修复策略。在河源区，应强化水源涵养能力，通过实施退牧还草、湿地保护等措施，扩展生态空间，提高水源补给能力。在黄土高原区，应加强水土保持，实施退耕还林还草工程，减少水土流失，提升土壤保水能力。在河口区，应以保护湿地生态系统为核心，综合运用自然恢复和人工修复方法，实施湿地补水、生态保护与修复工程，增强湿地生态服务功能，构建生态安全屏障。

（二）推动完善水沙调控体系与防洪减灾体系：智慧调度与协同作战

鉴于黄河流域水沙关系复杂、防洪压力大的现状，需对现有水利工程的运用方式加以优化，加速构建和完善水沙调控体系，提高水沙调节能力，促进水沙关系协调。具体而言，可通过联合智慧调度，精准调控黄河中游的水沙，增强小浪底水库等关键工程的调水调沙能力，有效减轻下游防洪压力。同时，还可通过完善黄河上游省（自治区）的堤防、护岸等防洪工程体系，确保防洪标准达标，提升防洪减灾能力。在黄河中游河段，应加强河道治理，通过疏浚、护岸等措施，提升河道行洪能力。此外，还应优化与黄河流域防汛减灾相关的联合调度平台，实现跨区域、多部门的信息共享与协同作战，提高防洪减灾的时效性和精准度。通过整合气象、水文、地质等多源信息，运用大数据、云计算、人工智能等先进技术，构建智能防洪减灾体系，为流域防洪减灾提供科学决策支持。

（三）建立流域协同管理体制机制：规划引领与权责明确

建立流域协同管理体制机制，需加快推动流域发展总体规划和各类专项规划编制，探索具有地域特色、因地制宜的生态保护和高质量发展路径①。落实主体功能区规划，划定生产、生活、生态空间开发管制界限，强化空间用途管制，促进流域空间布局优化。在此基础上，还需建立黄河流域跨区域、多部门

---

① 王浩，孟现勇，林晨．黄河流域生态保护和高质量发展的主要问题及重点工作研究［J］．中国水利，2021（18）：6-8.

协同管理机制，明确中央政府与地方政府以及各级地方政府之间的权责义务，形成上下联动、左右协同的工作格局。通过设立流域管理机构或协调委员会，负责流域内生态保护、水资源管理、防洪减灾等事务的统筹协调与监督管理。同时，还需建立健全流域内生态、经济优化利益分配和补偿机制，通过财政转移支付、生态补偿基金等方式，实现流域内外利益的协同、补偿与共享。

（四）加强科技创新与人才培养：创新驱动与产学研用结合

科技创新是推动黄河流域水环境保护与经济高质量发展的重要动力。具体而言，要加大沿黄9省（自治区）科学研究与试验发展方面的经费投入，提升科学研究与试验发展的投入强度；聚焦水资源管理、生态环境保护、防洪减灾等关键领域，推动技术创新与成果转化。在人才培养方面，要加强生态环保、水资源管理等领域的人才培养，建立多层次、多类型的人才培训体系，提升专业人才队伍的整体素质和创新能力；鼓励高校、科研机构与企业进行合作，建立产学研用协同创新平台，推动科技成果的产业化应用；通过设立联合研发中心、产业技术创新战略联盟等方式，促进跨学科、跨领域交叉融合，培养跨学科的复合型人才。同时，还需加强国际交流与合作，引进国外先进技术和管理经验，推动黄河流域水环境保护与经济高质量发展的国际化进程。

（五）完善政策保障与资金投入：多元投入与法制保障

为实现黄河流域水环境保护与经济高质量发展的协同共进，需完善政策保障与资金投入机制。在政策保障方面，应完善和推广黄河流域水权交易机制，建立水权交易平台，以此来推动水资源使用权有偿转让和交易，促进水资源的高效配置和节约利用。同时，还应探索建立流域生态补偿机制，通过经济补偿、政策优惠等方式，激励流域上下游、左右岸地区共同保护和改善生态环境；制定黄河保护法，明确黄河开发、治理、保护与管理的基本制度、法律责任和监管措施，为黄河流域生态环境保护和经济高质量发展提供坚实的法制保障；加强执法力度，严厉打击违法排污、非法取水等行为，维护流域水事秩序和生态环境安全。在资金投入方面，应加大中央财政对黄河流域生态治理的支持力度，推动国家绿色发展基金向黄河流域倾斜，并研究设立黄河流域生态环境保护治理专项资金。该专项资金用于支持流域内生态保护、水资源管理、防洪减灾等项目的实施。同时，还应引导社会资本、金融机构等多元资金投入黄河生态环境保护治理，形成政府引导、市场主导、社会参与的多元化投入格局；通过设立绿色债券、绿色基金等金融产品，拓宽融资渠道，降低融资成本，吸引社会资本积极参与黄河流域生态保护与治理。通过构建完善的法制体系，为黄河流域水环境保护与经济高质量发展的协同共进提供有力支撑。

参考文献

[1] 崔敏，马凯．新形势下黄河水资源管理与调度浅析［J］．黄河·黄土·黄种人，2020（19）：38-39.

[2] 崔庆瑞，杨德生，韩娜，等．黄河下游水资源管理实践［M］．南京：河海大学出版社，2023.

[3] 戴红梅，孙维红．气候变化与人类活动双重驱动下小河流域水沙变化特征研究［J］．水利水电快报，2023，44（9）：20-28.

[4] 丁丹丹，许艳芳．黄河水环境污染应急监测中 Zigbee 技术的应用研究［J］．环境科学与管理，2024（8）：129-134.

[5] 冯艳红，张文婷，周银辉，等．水环境保护中基于多源光谱的水质自动监测方法［J］．农业开发与装备，2021（11）：135-136.

[6] 付国庆．黄河流域灌溉农业节水技术［J］．河北农机，2022（15）：148-150.

[7] 高晓光．黄河流域水资源效率测度研究［J］．合作经济与科技，2021（13）：14-16.

[8] 郭浩．近 65 年彰武水文站气象要素变化特征及其与蒸发皿蒸发关联分析［J］．吉林水利，2022（1）：35-38.

[9] 郭洁．绿色发展视角下的黄河流域区域水权交易机制研究［J］．现代营销，2022（8）：94-96.

[10] 何苗．全球气候变化与人群健康［J］．生态经济，2024，40（1）：1-4.

[11] 胡庆芳，曹士圯，杨辉斌，等．汉江流域安康站日径流预测的LSTM模型初步研究［J］．地理科学进展，2020，39（4）：530-538.

[12] 霍凤飞．北方农田节水灌溉技术要点分析［J］．河北农业，2024（5）：35-36.

[13] 江铃峰．黄河流域水资源利用效率研究［J］．广西质量监督导报，2021（3）：27-28.

[14] 姜雨彤，郝增超，冯思芳，等．长江与黄河流域复合高温干旱事件时空演变特征［J］．水资源保护，2023（2）：70-77.

[15] 蒋秀华，郭邵萌，李焯，等．基于3S技术的黄河流域特征值界定［J］．人民黄河，2019，41（2）：5-9.

[16] 李福柱，苗青．黄河流域城市生态保护与经济高质量发展耦合的空间网络特征［J］．统计与决策，2022，38（5）：80-84.

[17] 李俊红，张洁，田文仲，等．黄河流域农业水资源高效利用途径与对策［J］．农业与技术，2022，42（7）：105-107.

[18] 李舒，张瑞嘉，等．黄河流域水资源节约集约利用立法研究［J］．人民黄河，2022，44（2）：65-70.

[19] 李跃红，蒋晓辉，张琳．黄河流域水资源节约集约利用能力评价［J］．南水北调与水利科技（中英文），2023，21（4）：731-741.

[20] 李增贝，何婷婷，原鹏丽，等．黄河流域土壤修复专利技术发展现状与对策分析［J］．中国农业文摘（农业工程），2023，35（6）：6-11.

[21] 刘钢，王慧敏，肖义，等．黄河流域跨省（区）水权交易制度建设策略研究［J］．中国水利，2023（5）：33-36.

[22] 刘磊．ZigBee联网技术多重智能防盗系统的研究与应用［M］．合肥：合肥工业大学出版社，2022.

[23] 刘瑞平，魏楠，宋志晓，等．黄河流域土壤污染治理的战略研究

[J]. 环境科学与管理，2021，46（9）：45-49.

［24］龙妍，金宇晖，黄素逸. 大系统中物质流—能量流—信息流的协同研究与应用［M］. 北京：冶金工业出版社，2022.

［25］卢荡，魏伟，王继平，等. 重要生态功能区干旱时空演变特征及对关键资源的影响：以黄河流域为例［J］. 环境科学，2024（6）：34-41.

［26］罗新远. 当代社会经济学［M］. 西安：西北大学出版社，2022.

［27］马江林，赵千子. 黄河下游引黄供水管理存在的问题及对策［J］. 山东水利，2024（5）：68-70.

［28］马涛，王昊，谭乃榕，等. 流域主体功能优化与黄河水资源再分配［J］. 自然资源学报，2021（1）：240-255.

［29］马亚文，张俊业. 地表水水样采集技术分析［J］. 皮革制作与环保科技，2024，5（15）：60-61.

［30］米吉提·买买吐地. 近60年乌鲁瓦提水文站气象要素变化特征及其与蒸发皿蒸发关联分析［J］. 地下水，2022（3）：217-219.

［31］宁雨欣. 中国特色生态经济理论的思想渊源与构建探究［J］. 经济师，2023（12）：26-27.

［32］牛晨宇，曾麒洁，张志华，等. 黄河流域水资源配置问题研究与优化［J］. 科学技术与工程，2023，23（10）：4357-4366.

［33］潘敏. 氨氮在线监测仪的干扰因素与稳定性研究［J］. 华东科技（综合），2019（8）：377-379.

［34］彭熙伟，等. 工程导论［M］. 北京：机械工业出版社，2019.

［35］彭祥. 黄河流域系统治理的对策建议［J］. 中国水利，2020（17）：25-27.

［36］任保平，巩羽浩. 黄河流域城镇化与高质量发展的耦合研究［J］. 经济问题，2022（3）：1-12.

［37］慎璐璐，杨艳芬，吴晶，等. 黄河流域极端气候事件时空变化规律［J］. 水土保持研究，2022，29（2）：231-242.